ENGEL · JASCHEK

Übungsaufgaben zum Grundkurs der Regelungstechnik

Übungsaufgaben zum Grundkurs der Regelungstechnik

von

Dr.-Ing. WALTER ENGEL †

und

Dr.-Ing. HILMAR JASCHEK
o. Professor für Systemtheorie der Elektrotechnik
an der Universität des Saarlandes

Mit 193 Abbildungen und 27 Tabellen

5. überarbeitete und verbesserte Auflage

R. Oldenbourg Verlag München Wien 1977

CIP-Kurztitelaufnahme der Deutschen Bibliothek

Engel, Walter
Übungsaufgaben zum Grundkurs der Regelungstech-
nik / von Walter Engel u. Hilmar Jaschek. —
5., überarb. u. verb. Aufl. — München, Wien :
Oldenbourg, 1977.
ISBN 3-486-31045-3
NE: Jaschek, Hilmar:

Druck: Weber Offset KG, München
Bindearbeiten: R. Oldenbourg Graphische Betriebe GmbH, München

ISBN 3-486-31045-3

Zum Geleit

"Seid aber Täter des Worts
und nicht Hörer allein, damit ihr euch nicht selbst
betrügt" (Jac. 1, 22).

Es ist ein alter Erfahrungssatz, daß in jeder Kunst und Wissen-
schaft erst Übung den Meister macht. Als Hörer einer Vorlesung
wie auch als Leser eines Buches läuft man um so mehr Gefahr,
sich über den Stand seines Wissens, besonders aber seines Kön-
nens, zu täuschen, je geschickter der Stoff dargeboten wurde.
Erst wenn man selbst einmal Aufgaben gelöst hat, wird man die
innere Sicherheit gewinnen, die ein Zeichen dafür ist, daß man
die Materie beherrscht, und man wird Vergnügen an der Sache
haben.

Es freut mich daher, daß meine beiden Assistenten, Herr Dipl.-
Ing. Walter Engel und Herr Dipl.-Ing. Hilmar Jaschek sich be-
reit gefunden haben, dieses Aufgaben- und Übungsbuch zum "Grundkurs der Regelungstechnik" herauszugeben. Sie haben zu den einzelnen Kapiteln zahlreiche Beispiele gestellt und einen klaren
Lösungsweg angegeben. Zudem wurde bei allen Aufgaben darauf ge-
achtet, die Verbindung mit der Praxis zu wahren.

Ich möchte wünschen, daß die Mühe der Verfasser durch eine eben-
so freundliche Aufnahme dieses Buches belohnt wird, wie sie dem
Band "Grundkurs der Regelungstechnik" zuteil wurde.

München, im Mai 1964   Prof. Dr.-Ing. L. Merz

Vorwort zur ersten Auflage

Dieses Buch entstand aus dem Bemühen, die Regelungstechnik durch Übungen leichter verständlich zu machen und den Einblick in ihre Methoden zu vertiefen. Die Aufgaben sind systematisch fortschreitend ausgewählt und bewußt auf die Bedürfnisse der Praxis abgestimmt.

In seinem mehr praktischen Teil befaßt sich das Buch mit Aufgaben der Methoden der Regelung, der Regleranpassung und -einstellung, und bringt zahlreiche Beispiele für den Umgang mit Blockschaltbildern. Das Aufstellen von Differentialgleichungen und der Gebrauch der Laplace-Transformation wird im mehr theoretischen Teil gezeigt. Eingehend wird das Frequenzgangverfahren im Nyquist- und Bode-Diagramm durch Übungen erläutert. Das letzte Kapitel befaßt sich mit dem Aufstellen von Rechenschaltungen für den Analogrechner, der ja immer mehr zu einem unerläßlichen Hilfsmittel des Regelungstechnikers wird.

In den einzelnen Kapiteln werden jeweils eine Reihe gleichartiger Aufgaben gebracht, um ein sorgfältiges Einüben des Stoffes zu ermöglichen. Zuerst wird kurz die Theorie gestreift und ihre wichtigsten Aussagen in zahlreichen Tabellen klar und übersichtlich dargestellt. Der Lösungsweg der Aufgaben ist so ausführlich, daß ihn der Lernende leicht nachvollziehen kann.

Herrn o. Prof. Dr.-Ing. L. Merz sagen wir unseren Dank für wertvolle Ratschläge und großzügige Förderung. Herrn W. Dumm danken wir für das sorgfältige Anfertigen der Zeichnungen und Frau G. Jaschek für die Reinschrift des Typoskripts. Nicht zuletzt sind wir Herrn Dr. R. Oldenbourg für die gute Zusammenarbeit und die schnelle Drucklegung dankbar.

München, im Mai 1964   W. Engel   H. Jaschek

Vorwort zur zweiten Auflage

Es obliegt mir die traurige Pflicht, den Lesern dieses Buches
den unerwarteten Tod meines Kollegen und Mitautors, Herrn Dr.-
Ing. W. Engel bekanntzugeben. Herr Engel, ein sehr talentier-
ter und geschätzter Mitarbeiter unseres Instituts, wurde lei-
der allzu früh seinem Wirkungskreis entrissen.

Aufbau und Einteilung der ersten Auflage dieses Buches haben
sich als zweckmäßig erwiesen und wurden von mir unverändert
beibehalten. Ich habe einige Aufgaben geringfügig verbessert
und die Druckfehler der ersten Auflage ausgemerzt.

Allen Lesern, die durch aufmerksames Studium des Buches zu
den Verbesserungen beigetragen haben, möchte ich an dieser
Stelle bestens danken.

München, im September 1967   H. Jaschek

Vorwort zur fünften Auflage

Dieses Buch hat seit seinem Erscheinen viele Leser gefunden und
bewährte sich beim Einsatz in Lehrveranstaltungen und in der
Praxis.

In der vorliegenden fünften Auflage habe ich die Bezeichnungen
weitgehend den heute gültigen Normen und Richtlinien angepaßt,
zahlreiche Aufgaben neu gefaßt und deren Lösungen noch klarer
herausgearbeitet.

Ich wünsche, daß auch diese Auflage dem Leser in der Studien-
zeit wie in der Praxis eine wertvolle Hilfe ist.

Saarbrücken, im März 1977   H. Jaschek

Inhalt

1. Methoden der Regelung

1.1 Aus einem Vorratsbehälter wird eine schwankende Flüssigkeitsmenge entnommen. Entwerfen Sie eine Regelung des Flüssigkeitsstandes im Behälter, so daß die Standhöhe im Behälter konstant bleibt und ein Leer- oder Überlaufen vermieden wird.

Lösung:

Als Fühler für die Standhöhe im Behälter verwendet man einen Schwimmkörper, als Stellglied einen Schieber, der den Flüssigkeitszustrom bestimmt. Über ein Hebelgestänge bewirkt ein Steigen des Schwimmkörpers ein Schließen der Zuflußöffnung. Ein Sinken des Standes öffnet den Schieber wieder (Festwertregelung).

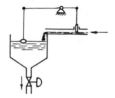

Bild 1.1

1.2 Aus einem Boiler strömt Warmwasser, das durch Zusatz von Kaltwasser auf einer konstanten Temperatur gehalten werden soll. Geben Sie hierfür eine Regelung an.

Lösung:

Festwertregelung

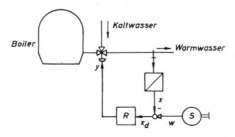

Bild 1.2

1.3 Von einem Gaserzeuger strömt in einen Behälter Gas ein. Der Gasdruck im Behälter soll geregelt werden.

Lösung:

Ist der Zufluß gleich dem Abfluß, so bleibt der Druck im Behälter konstant. Bei steigendem Zufluß erhöht sich der Druck, während er sinkt, wenn der Zufluß abnimmt. Durch Veränderung des Abflusses kann der Druck im Behälter geregelt werden (Festwertregelung).

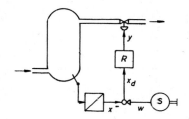

Bild 1.3

1.4 In der Textilindustrie erleiden die Stoffbahnen in der Appretur beim Aufbereiten Längenänderungen. Man führt die Stoffbahn über Walzen und läßt sie zwischen den Walzen durchhängen. So vermeidet man Faltenbildung und Reißen der Stoffbahn, weil der Durchhang die Längenänderung aufnimmt. Der Durchhang soll auf eine konstante Größe geregelt werden.

Lösung:

Der Durchhang verändert sich, wenn die zuführende und die abführende Walze verschiedene Drehzahlen aufweisen. Von einer Fotozelle, auf die je nach der Größe des Durchhangs ein verschiedener Lichtstrom auftrifft, wird über einen Regler die Drehzahl der abführenden Walze geregelt (Festwertregelung).

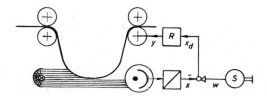

Bild 1.4

In den bisherigen Beispielen wurde die Festwertregelung angewendet. In vielen Fällen ist das Regelverhalten einer Festwertregelung unbefriedigend, sei es, weil die Regelstrecke
eine zu große Totzeit aufweist, sei es, weil zwei Regelgrö-
ßen in einem bestimmten Verhältnis zueinander stehen sollen.
Deshalb wurden Methoden entwickelt, um den verschiedenen An-
forderungen besser zu entsprechen.

a) Aufschalten der Hauptstörgröße auf den Reglereingang.

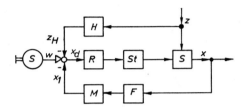

F   Fühler
H   Kompensationsglied
M   Meßumformer
R   Regler
S   Strecke
St   Stellglied

Bild 1.5

Es handelt sich um eine Kombination von Steuerung und Regelung, wobei die Steuerung sofort beim Auftreten der Hauptstörgröße einwirkt, während die Regelung ein zögerndes dyna-
misches Verhalten hat, da sie das Auftreten einer Regeldifferenz abwartet.

b) Aufschalten der Tendenz einer Hilfsregelgröße auf den
Reglereingang (Störtendenzaufschaltung).

Ändert sich die Regelgröße beim Auftreten einer Störung erst
nach längerer Zeit (Totzeit), so ist diese Strecke schwierig
zu regeln. Während der Totzeit verwendet man zur Regelung eine
Hilfsregelgröße, die geringere Totzeit, aber die gleiche Tendenz wie die Regelgröße besitzt.

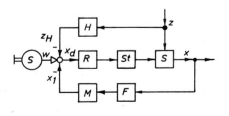

Bild 1.6

c) Kaskadenregelung.

Die Stellgröße eines übergeordneten, trägen Kreises beein-
flußt den Sollwert eines untergeordneten, schnellen Kreises.
Für den schnellen Kreis genügt meist ein P-Regler, während
für den übergeordneten Kreis ein PI-Regler verwendet wird,
der die bleibende Regeldifferenz zum Verschwinden bringt.

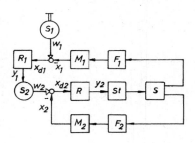

Bild 1.7

d) Verhältnisregelung.

Bei Mischungs- und Verbrennungsvorgängen ist es oft notwendig, eine Größe in einem bestimmten festen Verhältnis zu
einer anderen zu regeln, was über einen Sollwertverhältnis-
steller S_v erreicht wird.

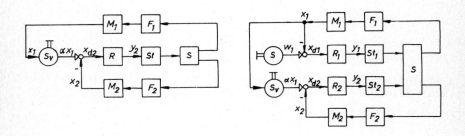

Verhältnisregelung mit
ungeregelter Führungsgröße   geregelter Führungsgröße

Bild 1.8

1.5 Bei einem dampfbeheizten Durchlauferhitzer soll die Aus-

trittstemperatur konstant gehalten werden. Eine einfache Festwertregelung ergibt unbefriedigende Ergebnisse, da die Eintrittstemperatur der Flüssigkeit starken Schwankungen unter-
worfen ist. Schlagen Sie eine brauchbare Regelung vor!

Lösung:

Die Austrittstemperatur der Flüssigkeit regelt den Dampfdurchfluß des Erhitzers. Die Eintrittstemperatur der Flüssigkeit schaltet man auf den Reglereingang auf.

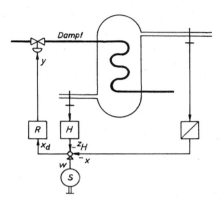

Bild 1.9

1.6 In einer Papiertrockenanlage wird das nasse Papierband
im Trockner über heißdampfbeheizte Walzen geführt und dabei
getrocknet. Nach dem Trockner wird von einem Kondensator die
Dielektrizitätskonstante des Papiers gemessen und ein der
Feuchtigkeit proportionales Signal abgegeben. Ein Regler be-
einflußt über ein Ventil die Zufuhr von Heißdampf. Da die
Feuchtigkeit des Papiers erst am Ende des Trocknungsvorgangs
gemessen wird, hat dieser Regelkreis lange Totzeiten. Geben
Sie eine brauchbare Regelung an.

Lösung:

Mit einem Tendenzthermoelement wird die Tendenz der Temperatur des Trockenraums, die sich im gleichen Sinn wie die Meß-
größe ändert, gemessen und auf den Regler aufgeschaltet (Störtendenzaufschaltung). Bei zu nassem Band wird dem Raum Wärme
entzogen. Die Raumtemperatur sinkt und über das Tendenzthermoelement wird sofort ein Signal abgegeben, das eine vermehrte

Dampfzufuhr bewirkt.

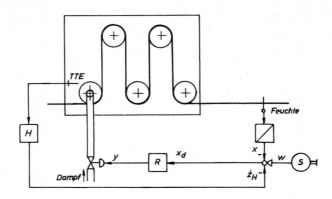

Bild 1.10

1.7 Abwässer mit mineralogischen Verunreinigungen werden durch Zusatz von Chemikalien aufbereitet. Die Chemikalien werden in einem Vorratsbehälter angesetzt und über eine Dosierpumpe, deren Drehzahl über ein verstellbares Getriebe variabel ist, dem Abwasser - proportional der Menge des durchfließenden Abwassers q_1 - zugemischt. Entwerfen Sie eine geeignete Regelung.

Lösung:

Man wendet eine Verhältnisregelung mit ungeregelter Führungsgröße an. Dabei bestimmt die schwankende Durchflußmenge des Abwassers die Drehzahl der Dosierpumpe und damit den Zusatz an Chemikalien.

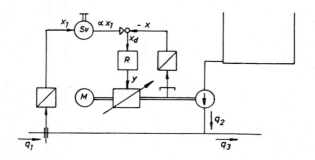

Bild 1.11

1.8 Bei einem Druckwasserreaktor soll die mittlere Temperatur
des Kühlmittels durch Verstellen der Steuerstäbe konstant gehalten werden.

Lösung:

Wegen innerer Rückkopplungen regelt sich ein Druckwasserreaktor von selbst derart, daß bei konstantem Kühlmitteldurchsatz
die mittlere Temperatur des Kühlmittels im Reaktor konstant
bleibt und die Differenz zwischen Kühlmittelaustrittsstempe-
ratur und Kühlmitteleintrittstemperatur mit steigender Last
wächst. Zur Unterstützung dieses selbstregelnden Verhaltens
wird ein äußerer Festwertregelkreis für die mittlere Kühlmit-
teltemperatur aufgebaut.

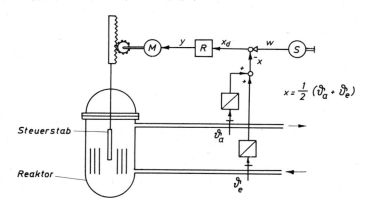

$$x = \frac{1}{2} (\vartheta_a + \vartheta_e)$$

Steuerstab

Reaktor

Bild 1.12

1.9 Entwerfen Sie ein Regelkonzept für ein Kernkraftwerk mit
einem Einkreis-Siedewasserreaktor. Die Turbinenregeleinrichtung
soll die Regelung der Kraftwerksleistung übernehmen. Die Reak-
torregeleinrichtung soll gewährleisten, daß der von der Turbine
geforderte Dampfdurchsatz bei konstantem Reaktordruck geliefert
wird.

Lösung:

Zur Regelung der Kraftwerksleistung wird eine Kaskadenregelung
herangezogen mit der Turbinenleistung als übergeordneter Regelgröße und der Drehzahl des Turbosatzes als untergeordneter Regelgröße. Als Stellglied dient das Turbineneintrittsventil.

Wird von der Turbine ein größerer Dampfdurchsatz gefordert, so
muß die Dampferzeugung im Reaktor erhöht werden. Die Reaktorleistung und damit die Dampferzeugung können durch Erhöhung des
Kühlmitteldurchsatzes im Reaktorkern über eine Erhöhung der Drehzahl der Kühlmittelumwälzpumpe gesteigert werden. Ein Maß für die
richtige Erhöhung des Kühlmitteldurchsatzes ist die Konstanz des
Reaktordrucks. Es wird also eine Druck-Drehzahl-Kaskadenregelung
mit lastabhängiger Steuerung über den Dampfdurchsatz aufgebaut.
Als Stellglied dient der Antrieb der Kühlmittelumwälzpumpe.

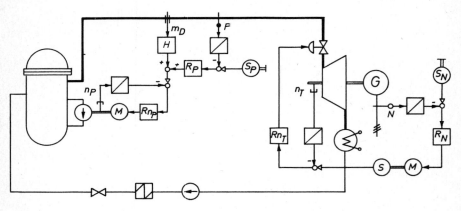

Bild 1.13

1.10 Entwerfen Sie eine Regelung für den Wasserstand eines
Trommelkessels. Ändert sich die Dampfentnahme oder der Was-
serzufluß, so wird eine geraume Zeit vergehen, ehe der Wasserstand sich merklich ändert. Eine reine Festwertregelung
des Wasserstandes genügt daher nicht; das Regelverhalten läßt
sich unter Berücksichtigung der Dampfentnahme und des Zuflus-
ses wesentlich verbessern.

Lösung:

Schwankungen der Dampfentnahme und der Wasserzufuhr beeinflus-
sen den Wasserstand; dabei ist seine zeitliche Änderung in er-
ster Näherung proportional der Differenz der Durchflüsse. Die
Regelung der Speisewasserzufuhr wird in einem bestimmten Verhältnis zur Dampfentnahme durchgeführt. Dieses Verhältnis wird
von einem langsamen Regelkreis für den Wasserstand eingestellt
(Kaskaden-Verhältnisregelung).

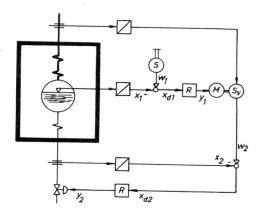

Bild 1.14

1.11 In der blechverarbeitenden Industrie werden Blechbänder
von konstanter Dicke hergestellt. Dabei darf unter keinen Um-
ständen die vorgegebene Zugkraft K überschritten werden, da
sonst das Material zerreißt. Die Haspel, von der das Band auf-
gewickelt wird, wird von einem Leonardsatz angetrieben. Die
Beeinflussung der Generatorerregung über die Messung der Zugkraft des Bandes ergibt einen sehr trägen Regelkreis und führt
zu häufigem Zerreißen des Bandes. Machen Sie einen Verbesse-
rungsvorschlag für die Regelung!

Lösung:

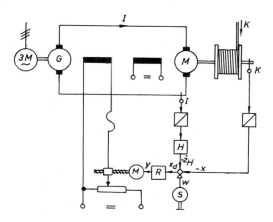

Bild 1.15

Eine Änderung der Zugkraft ruft eine Änderung des Ankerstroms hervor, was zu einer Störtendenzaufschaltung benützt werden kann.

1.12 In der chemischen Industrie benötigt ein Verbraucher eine schwankende Menge eines Produktes, das durch Mischung zweier Komponenten hergestellt wird. Ein Niveauregler im Behälter hält den Stand durch entsprechenden Zulauf der einen Komponente konstant. Die andere Komponente wird in einem bestimmten Verhältnis zur ersten geregelt. Das Verhältnis wird über die Analyse des Mischproduktes eingestellt. Entwerfen Sie die Regelung des Mischbehälters!

Lösung:

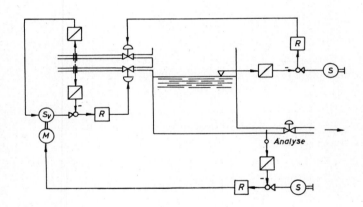

Bild 1.16

Stand: Festwertregelung

Zufluß: Kaskaden-Verhältnisregelung, ungeregelte Führungsgröße.

1.13 Jede Walzengruppe einer Walzenstraße hat ihren eigenen Antrieb. Die Drehzahlen der verschiedenen Antriebsgruppen stehen in einem bestimmten Verhältnis zueinander. Entwerfen Sie eine Regelung, die für den Gleichlauf des Bandes sorgt.

Lösung:

Die Drehzahl der zuführenden Walzengruppe wird konstant gehalten. Diese Drehzahl zieht über einen Verhältnissteller den Sollwert der Drehzahl für die folgende Walzengruppe nach (Verhältnisregelung mit geregelter Führungsgröße).

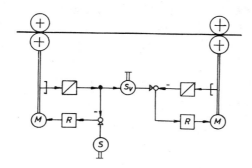

Bild 1.17

1.14   Zum Betrieb des Hochofens gehören Winderhitzer, in denen
der Hochofenwind vorerhitzt wird. Der Winderhitzer wird durch
ein Luft-Gichtgasgemisch beheizt. Während des Aufheizvorganges
soll die Kuppeltemperatur des Winderhitzers eine zulässige Hö-
he nicht überschreiten; diese Temperatur ist ein Maß für das
Luft-Gas-Verhältnis. Die Temperatur des Abgases während der Auf-
heizzeit gibt Aufschluß über die Brennstoffzufuhr. Hat der gesamte Winderhitzer seine Endtemperatur erreicht, so wird der
Aufheizvorgang beendet und der Winderhitzer gibt jetzt seine ge-
speicherte Wärme an den durchströmenden Kaltwind ab. Für die Zu-
teilung des Windes zum Hochofen wird ein Winddurchflußregler
verwendet. Da der Druck und die Temperatur an der Meßstelle
schwanken, müssen auch sie gemessen werden; mit diesen Meßwerten wird die Durchflußmessung korrigiert. Weiterhin soll die
Eintrittstemperatur des Windes in den Hochofen konstant sein;
dies erreicht man durch Zumischen von Kaltwind zu dem vom Winderhitzer ankommenden Heißwind. Führen Sie die Regelungen aus.

Lösung:

Beim Anheizen wird der Gasdurchfluß geregelt und der Luftdurch-
fluß in einem bestimmten Verhältnis dazu gehalten. Mit steigender Kuppeltemperatur des Winderhitzers wird über einen Regelkreis das Luft-Gas-Verhältnis so verstellt, daß mehr Luft einge-
blasen wird und die Flammentemperatur sinkt. Über einen Tempe-
raturfühler im unteren Teil des Erhitzers und einen Regler wird
bei allmählichem Erreichen der Erhitzerendtemperatur die Gaszu-

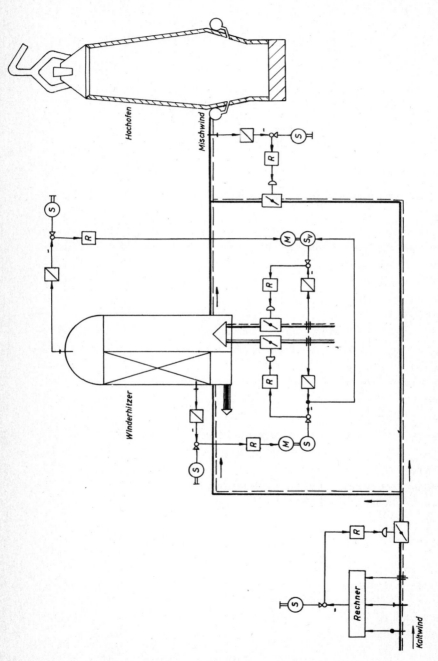

Bild 1.18

fuhr immer mehr gedrosselt (Kaskaden-Verhältnisregelung mit va-
riablem Verhältnis). Die Zufuhr von Kaltluft wird konstant gehalten, wobei der Durchflußmeßwert von den Temperatur- und Druck-
meßwerten korrigiert wird (Festwertregelung). Die Eintrittstemperatur des Mischwindes in den Hochofen wird durch entsprechen-
des Zumischen von Kaltluft konstant gehalten (Festwertregelung).
Bild 1.18 zeigt die Ausführung der Regelungen.

1.15 Der Inhalt eines Zellstoffkochers wird ständig durch eine
Pumpe umgewälzt und dabei in einem Erhitzer durch Heißdampf auf
die Reaktionstemperatur ϑ gebracht. Diese Temperatur wird während des Aufheiz- und Kochvorgangs nach einem Zeitplan durch Beeinflussung der Dampfzufuhr geregelt. Um eine Oxydation der
Kochsäure zu vermeiden, müssen Luft und Fremdgase aus dem Kocher abgeführt werden. Am Kocherausgang wird der Druck gemessen und nach den Dampfdruckgesetzen in eine Temperatur umge-
rechnet und mit der Temperatur ϑ der reinen Kochsäure vergli-
chen. Sind im Kocher Luft und Fremdgase enthalten, so weicht
die aus dem Druck errechnete Temperatur von der Temperatur ϑ
ab. Diese Abweichung bewirkt eine Verstellung des Entgasungs-
ventils.
Der Heißdampf wird nach dem Wärmetauscher in einem Kondensator niedergeschlagen, dessen Stand konstant gehalten werden
soll. Geben Sie die geforderten Regelungen an!

Lösung:

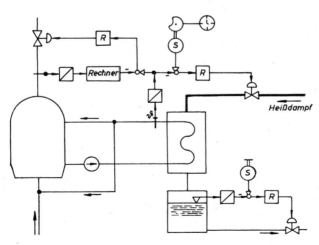

Bild 1.19

1.16 Die Regelung für ein Kernkraftwerk mit einem gasgekühlten
Reaktor soll entworfen werden. Die im Reaktor erzeugte Wärme
wird vom Kühlmittel abgeführt und in einem Wärmeübertrager an
den Sekundärkreis abgegeben. Der in der Trommel des Sekundär-
kreises erzeugte Hochdruckdampf wird vom Hochdruckteil der Turbine verarbeitet und strömt dann in den Niederdruckteil der
Turbine. Der Generator gibt die Leistung ans Netz ab.
Die Drehzahl des Turbosatzes wird über den Dampfdurchfluß des
Niederdruckteils konstant gehalten. Bei plötzlichen, großen
Störungen im Netz soll das Kernkraftwerk sich kurzzeitig betei-
ligen; deshalb wird die Drehzahlregelung von der Leistung geführt. Die Generatorspannung soll konstant gehalten werden. Der
größte Leistungsanteil kommt vom Niederdruckteil der Turbine.
So soll eine Druckabweichung in der Niederdrucksammelschiene
die Reaktorleistung regeln, damit die Reaktorleistung der Turbinenleistung angeglichen wird. Wird die Kühlgasaustrittstemperatur über die Regelstabstellung konstant gehalten, so ist der
Kühlgasdurchfluß ein Maß für die Reaktorleistung. Die Regel-
schaltung soll vervollständigt werden durch eine Wasserstands-
regelung in der Trommel und eine Hochdruckdampfregelung. Bei
Lastabwurf übernimmt der Drehzahlregler das Schließen des Hoch-
druck- und Niederdruckventils, sowie das Öffnen des Überström-
ventils, das den nicht verarbeiteten Dampf direkt in den Über-
strömkondensator ableitet.

Lösung:

a) Turbinendrehzahl (Kaskadenregelung)
b) Generatorspannung (Festwertregelung)
c) Kühlgasdurchfluß (Kaskadenregelung)
d) Kühlgasaustrittstemperatur (Festwertregelung)
e) Wasserstand (Festwertregelung mit Störtendenzaufschaltung)
f) Hochdruckdampf (Festwertregelung)

Diese Regelkreise zeigt Bild 1.20 auf Seite 15.

Die Tabelle 1.1 auf den Seiten 16 und 17 mit Schaltzeichen soll
den Entwurf von Regelschaltungen erleichtern.

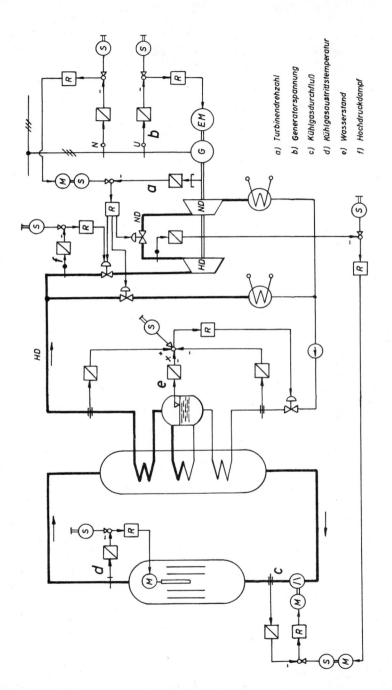

a) Turbinendrehzahl
b) Generatorspannung
c) Kühlgasdurchfluß
d) Kühlgasaustrittstemperatur
e) Wasserstand
f) Hochdruckdampf

Bild 1.20

Tabelle 1.1   Schaltzeichen

Sinnbild	Erläuterung	Sinnbild	Erläuterung
	Dampfleitung		Kohlemühle
	Wasser, Kondensat, Speisewasser, Kühlwasser		Zuteiler
	Brennbare Gase Gase allgemein		Brenner in einem Ofen
	Verbrennungsluft (nicht Steuerluft)		Turbine
	Kohle		Steuerventil z.B. für Dampf (einsitzig gezeichnet)
	Produkte z.B. Heizöl, Benzin, chemische Flüssigkeit		Steuerventile (falls als Kolbenschieber ausgeführt)
	Feste Stoffe, z.B. Schlacke, Asche, Schuttgüter		Ventil allgemein
	Rauchgas Abgas		Federbelastetes Sicherheitsventil
	Überdruckbehälter		Ventil pneumatisch betätigt
	Kondensator		Dreiwegventil
	Flüssigkeitspumpe allgemein		Drosselklappe
	Verdichter		Rückschlagklappe

Sinnbild	Erläuterung	Sinnbild	Erläuterung
	Drosselstelle allgemein		Meßgeber für Niveau
	Venturidüse		Meßgeber für Drehzahl a Allgemein b Fliehkraft
	Stromerzeuger allgemein		Meßgeber für Strahlung
	Drehstromgenerator mit Turbinenantrieb		Regler allgemein
	Motorantrieb		Verstärker allgemein
	a Galvanische Stromquelle allgemein b Batterie mit mehreren Zellen		Größenumformer allgemein Meßumformer
	Meßwertanzeiger allgemein		Sollwertsteller
	Schreiber		Blockbild gekennzeichnet durch Übergangsfunktion
	Zähler		Blockbild gekennzeichnet durch Frequenzgang-Gleichung
	Meßgeber allgemein (Physikalische Größe daneben schreiben z.B. N Leistung)		Blockbild gekennzeichnet durch die Kurzsymbole für das Übertragungsverhalten
	Meßgeber für Druck		Additionsstelle $x_1 \pm x_2 = x_3$
	Meßgeber für Temperatur		Verzweigungsstelle
	Meßgeber für Durchfluß		Multiplikationsstelle $x_1 \cdot x_2 = x_3$

2. Kennwerte von Strecke und Regler, Einstellen von Reglern

2.1 Bei einem kleinen elektrischen Laborofen wurde der Strom voll eingeschaltet und die Temperatur gemessen. Dabei ergab sich die folgende Meßreihe:

x °C	0	0	0,2	3	6	12	30	50	70	84	93	97	99	100
t min	0	0,5	1	2	2,5	3	4	5	6	7	8	9	10	25

a) Bestimmen Sie die Verzugszeit und die Ausgleichszeit.

b) Berechnen Sie den Anlaufwert.

c) Wie groß ist der Schwierigkeitsgrad, wenn die Temperatur auf 90 °C konstant gehalten werden soll?

d) Geben Sie die unvermeidbare Regeldifferenz an.

e) Wählen Sie den für diese Strecke günstigsten Regler aus. Wie würden Sie diesen Regler einstellen?

Lösung:

Verändert man bei einer Regelstrecke sprunghaft die Stellgröße um den vollen Stellbereich, so kann man aus der Übergangsfunktion verschiedene Kenngrößen für die Regelstrecke ableiten.

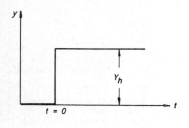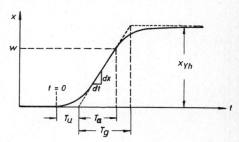

Bild 2.1

Aus Bild 2.1 entnimmt man folgende Größen:

P-Beiwert $\qquad K_{PS} = \left(\dfrac{x}{y}\right)_{t \to \infty} = \dfrac{x_{Y_h}}{Y_h}$

Ausgleichswert q $\quad = \left(\dfrac{y}{x}\right)_{t \to \infty}$

Verzugszeit $\qquad T_u$

Anlaufwert $\qquad A = \dfrac{1}{(dx/dt)_{max}} \qquad$ bei $y = Y_h$

Anlaufzeit $\qquad T_a = A \cdot w$

Ausgleichszeit $\qquad T_g = \dfrac{x_{Y_h}}{w} T_a = x_{Y_h} A = Y_h \cdot K_{PS} \cdot A$

Mit diesen Größen läßt sich noch die unvermeidbare vorüberge-
hende Regeldifferenz x_u, sowie der Schwierigkeitswert s und der
Schwierigkeitsgrad s_o bestimmen.

$$x_u = \frac{T_u}{A} \cdot \frac{y}{Y_h}$$

$$s = \frac{T_u}{AY_h}$$

$$s_o = \frac{T_u}{T_a}$$

Soll ein Regler an diese Strecke angepaßt werden, so haben sich
folgende Werte für die Einstellung des Reglers als günstig erwiesen:

P-Regler $\qquad X_P = \dfrac{T_u}{A}$

PI-Regler $\qquad X_P = 1,1 \cdot \dfrac{T_u}{A}, \qquad T_n = 3,3 \cdot T_u$

PID-Regler $\qquad X_P = 0,8 \cdot \dfrac{T_u}{A}, \qquad T_n = 2T_u, \qquad T_v = 0,5T_u$

a) Zeichnet man die Meßreihe auf und trägt die Ersatzfunktion
ein, so kann man folgende Werte ablesen:

$\qquad T_u = 2,5$ min $\qquad T_g = 5$ min

b) $\quad A = \dfrac{1}{(dx/dt)_{max}} \cdot \dfrac{y}{Y_h} = \dfrac{T_g}{x_{Y_h}} = 3$ s/K

c) $\quad s_o = \dfrac{T_u}{A \cdot w} = 0,556$

d) $\quad x_u = \dfrac{T_u}{A} \cdot \dfrac{y}{Y_h} = 50$ K

e) PID-Regler $X_p = 0,8 \cdot \dfrac{T_u}{A} = 40\ K$

$T_n = 2T_u = 5\ min$

$T_v = 0,5T_u = 1,25\ min$

2.2 Aus einem See fließt Wasser entsprechend der Schieberstellung über eine Rinne in einen Versorgungsbehälter.

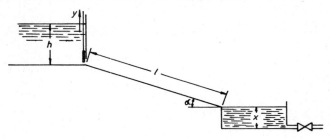

Bild 2.2

Die Ausflußöffnung des Sees sei rechtwinklig und habe die Breite B. Die Ausflußhöhe **y** kann durch die Schieberstellung bis auf den Wert $Y_h = H$ anwachsen. Der Ablauf des Versorgungsbehälters sei geschlossen. Die Reibung ist zu vernachlässigen.

Erdbeschleunigung	$g \approx 10\ m/s^2$
Seetiefe	$h = 5\ m$
Ausflußöffnung	$B = H = 0,2\ m$
Länge der Rinne	$l = 150\ m$
Steigung der Rinne	$\alpha = 30^{\circ}$
Oberfläche des Behälters	$F = 240\ m^2$

Wie groß sind Totzeit, Anlaufwert und Ausgleichswert? Wie lautet die Übergangsfunktion?

Lösung:

Ausflußgeschwindigkeit	$v_a = \sqrt{2gh} = 10\ m/s$
Einlaufgeschwindigkeit	$v_e = \sqrt{2g(h + l \cdot \sin \alpha)} = 40\ m/s$
Totzeit	$v_e = v_a + g \cdot \sin \alpha\ T_t$
	$T_t = \dfrac{v_e - v_a}{g \cdot \sin \alpha} = 6\ s$

Anlaufwert
$$A = \frac{1}{(\frac{dx}{dt})_{max}} \cdot \frac{y}{Y_h}$$

Nach dem Kontinuitätsgesetz gilt:
$$B \cdot y \cdot v_a \cdot dt = F \cdot dx$$

damit ist:
$$A = \frac{F}{B \cdot v_a \cdot H} = 600 \text{ s/m}$$

Ausgleichswert
$$q = \frac{y}{x} \quad \text{für } t \rightarrow \infty$$
$$q = 0$$

Übergangsfunktion
$$0 \leq t < T_t \qquad f(t) = \frac{x}{y} = 0$$

$$t \geq T_t \qquad f(t) = \frac{x}{y} = \frac{B \cdot v_a}{F} \cdot (t - T_t) = \frac{t - 6}{120} \qquad (t \text{ in s})$$

2.3 Für ein Eigenheim ist eine Raumheizungsregelung zu entwerfen. Dabei soll eine Kombination von Steuerung und Regelung verwendet werden, um durch die Regelung alle vorkommenden Störgrößen (Türen, Fenster, Luftzug...) zu bekämpfen und durch die Aufschaltung der Hauptstörgröße (Außentemperatur) die Vorteile der Steuerung - schnelles Eingreifen - auszunützen. Die Raumtemperatur ϑ_i soll sich der Außentemperatur ϑ_a folgendermaßen gleitend anpassen:

ϑ_a °C	-20	-10	0	10	20
ϑ_i °C	18	19	20	21	22

Wie müssen die Verstärkungen der Meßumformer eingestellt werden, damit im ausgeregelten Zustand der gewünschte Zusammenhang zwischen Außen- und Raumtemperatur besteht?

Lösung:

Die Raumtemperatur hängt linear von der Außentemperatur ab nach folgender Gleichung:

$$\vartheta_i = 20 + 0,1 \cdot \vartheta_a \qquad (1)$$

Außerdem gilt für die Regeldifferenz am Vergleicher:

$$x_d = w - x + z$$

Da $x = K_i \cdot \vartheta_i$ und $z = K_a \cdot \vartheta_a$ ist, gilt weiter

$$x_d = w - K_i \cdot \vartheta_i + K_a \cdot \vartheta_a$$

Im ausgeregelten Zustand ist $x_d = 0$, d.h.

$$w - K_i \cdot \vartheta_i + K_a \cdot \vartheta_a = 0$$

$$\vartheta_i = \frac{w}{K_i} + \frac{K_a}{K_i} \cdot \vartheta_a \tag{2}$$

Vergleicht man Gleichung (1) mit Gleichung (2), so ist

$$\frac{w}{K_i} = 20 \ ^oC$$

$$\frac{K_a}{K_i} = 0,1$$

Wählt man $K_i = 1$, so ist $K_a = 0,1$ und $w = 20 \ ^oC$ einzustellen, um die gewünschte Charakteristik zu erhalten.

2.4 a) Bei einem Dampfkessel soll der Druck konstant gehalten werden. Wie schwierig ist es, diese Strecke zu regeln, wenn sie eine **Verzugszeit von** $\boxed{T_u}$ = 80 s und eine Anlaufzeit von T_a = 2,5 min aufweist?

Lösung:

Anhand des Schwierigkeitsgrades läßt sich die Regelbarkeit der Strecke beurteilen.

$$s_o = \frac{T_u}{T_a} = \frac{80}{2,5 \cdot 60} = 0,533$$

Eine Regelung ist hier nur schwer möglich, denn für s_o > 0,4 läßt sich eine Strecke nur schwer regeln. Ist der Schwierigkeitsgrad $0 \leq s_o$ < 0,2, ist die Strecke leicht regelbar.

b) Die Temperatur eines Raumes soll auf 20 ^oC geregelt werden. Bei einer Verstellung des Heizventils um den halben Stellbereich wurde der Temperaturverlauf gemessen und eine **Verzugszeit von** T_u = 2 min und eine Ausgleichszeit von T_g = 30 min bestimmt.

Wie groß ist der Anlaufwert?
Wie gut läßt sich die Strecke regeln ($T_g \approx 1,6 \cdot T_a$) ?
Wie groß ist die unvermeidbare Regeldifferenz?

Wie wird ein PI-Regler günstig angepaßt?

Lösung:

$$A = \frac{T_a}{w} = \frac{T_g}{1,6w} = 0,94 \; \frac{min}{K}$$

$$s_o = \frac{T_u}{T_a} = 1,6 \cdot \frac{T_u}{T_g} = 0,107 \qquad \text{leicht regelbar}$$

$$x_u = \frac{T_u}{A} \cdot \frac{y}{Y_h} = \frac{2}{0,94} \cdot 0,5 = 1,07 \; K$$

PI-Regler $\quad X_p = 1,1 \cdot \dfrac{T_u}{A} = 2,35 \; K$

$$T_n = 3,3 \cdot T_u = 6,6 \; min$$

c) Ein Gleichstrommotor, der mit Nenndrehzahl $n_n = 1200 \; min^{-1}$ läuft, wird vom Netz (U = 220 V) getrennt. Die Messung der Drehzahl ergab folgende Werte:

t s	0	2	5	10	15	20	30	40	50	60	80
n min^{-1}	1200	1066	890	660	496	368	204	114	66	35	12

Wie groß ist die Zeitkonstante, der P-Beiwert und der Ausgleichswert?

Lösung:

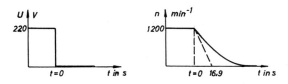

Bild 2.3

Aus der Kurve liest man ab $T_s = 16,9 \; s$. Beim Einschalten der Spannung U = 220 V wird der Motor die Nenndrehzahl $n_n = 1200 \; min^{-1}$ erreichen. Somit ist der P-Beiwert

$$K_{PS} = \frac{1200}{220} = 5,45 \; \frac{min^{-1}}{V}$$

und der Ausgleichswert

$$q = \frac{1}{K_{PS}} = 0,183 \ \frac{V}{min^{-1}}$$

2.5 Ein offener Regelkreis soll aus 6 Übertragungsgliedern bestehen. Diese sind gekennzeichnet durch ihre Verzugszeiten und Ausgleichszeiten.

$$T_{u1} = 0 \ s \qquad T_{g1} = 0,66 \ s$$

$$T_{u2} = 0 \ s \qquad T_{g2} = 3,2 \ \ s$$

$$T_{u3} = 12 \ s \qquad T_{g3} = 72 \ \ \ s$$

$$T_{u4} = 0 \ s \qquad T_{g4} = 1,1 \ \ s$$

$$T_{u5} = 0 \ s \qquad T_{g5} = 2 \ \ \ \ \ s$$

$$T_{u6} = 20 \ s \qquad T_{g6} = 1,5 \ min$$

Berechnen Sie Ersatzverzugszeit und Ersatzausgleichszeit.

Lösung:

Sind mehrere Regelkreisglieder mit verschiedenen Ausgleichszeiten hintereinandergeschaltet, wobei die Ausgleichszeit T_{ga} eines Gliedes mindestens 20mal größer ist als die größte der n übrigen Glieder, so gelten für die Ersatzausgleichszeit und Ersatzverzugszeit die Faustformeln:

$$T_g \approx T_{ga}$$

$$T_u \approx \sum_{i=1}^{i=n} T_{gi} + \sum_{i=1}^{i=n} T_{ui} + T_{ua}$$

Sind jedoch zwei Glieder mit großen Ausgleichszeiten T_{ga} und T_{gb} ($T_{ga} = (0,05 \ ... \ 1,0) \cdot T_{gb}$) vorhanden, so faßt man zuerst diese zu einem Einzelglied zusammen nach den Formeln:

$$T_g \approx T_{ga} + T_{gb}$$

$$T_u \approx T_{ua} + T_{ub} + T_u^{*}$$

wobei $\qquad T_u^{*} = cT_{ga}$

Je nach dem Verhältnis der beiden großen Ausgleichszeiten T_{ga} und T_{gb} erhält man aus Tabelle 2.1 den Wert für den Faktor c.

T_{ga}/T_{gb}	0,05	0,1	0,2	0,3	0,4	0,6	0,8	1,0
c		0,75	0,63	0,53	0,47	0,42	0,36	0,32	0,28

Tabelle 2.1

Man faßt hier also zuerst Glied 3 und Glied 6 zu einem Einzelglied (T_{gI}, T_{uI}) zusammen.

$$T_{gI} \approx T_{g3} + T_{g6} = 162 \text{ s}$$

$$T_{uI} = T_{u3} + T_{u6} + T_u^*$$

$$T_u^* = cT_{g3} = 0,32 \cdot 72 = 23,04 \text{ s}$$

c wurde der Tabelle 2.1 für $T_{ga}/T_{gb} = 0,8$ entnommen.

$$T_{uI} = 55,04 \text{ s}$$

Dieses Einzelglied wird nun mit den übrigen Gliedern zusammengefaßt.

$$T_g \approx T_{gI} = 162 \text{ s}$$

$$T_u \approx T_{uI} + T_{g1} + T_{g2} + T_{g4} + T_{g5} = 62 \text{ s}$$

2.6 Textilbahnen, die mit einer gleichmäßigen Geschwindigkeit
von 0,1 m/s laufen, sollen auf eine konstante Temperatur von
60 °C erwärmt und dadurch getrocknet werden.
Der Heizkörper hat eine Zeitkonstante von 6 min, die Zeitkonstante des Trockenraums beträgt 10 min. 2,5 m nach dem Trockenraum wird der restliche Wassergehalt der Textilbahnen durch
einen Fühler gemessen, der eine Zeitkonstante von 17,4 s besitzt. Die Zeitkonstante des Meßumformers beträgt 8 s.
Berechnen Sie

a) Ersatzausgleichszeit T_g und Ersatzverzugszeit T_u der Reihenschaltung der Regelkreisglieder;
b) Schwierigkeitsgrad s_o der Reihenschaltung der Glieder
   ($T_g = 1,6 \cdot T_a$);
c) Anlaufwert A der Reihenschaltung der Glieder.

Lösung:

Heizkörper $T_{g1} = 6$ min $= 360$ s

Trockenraum T_{g2} = 10 min = 600 s

Fühler T_{g3} = 17,4 s

Regler T_{g4} = 8 s

Transport $T_{t5} = \dfrac{2,5 \text{ m}}{0,1 \text{ m/s}}$ = 25 s

a) T_{g4}, T_{g3} < 0,05·T_{g1}

$T_g \approx T_{g1} + T_{g2}$ = 960 s

$T_u \approx T_u^* + \sum\limits_{i=3}^{i=4} T_{gi} + T_{t5}$

$\dfrac{T_{g1}}{T_{g2}}$ = 0,6;   c = 0,36

T_u^* = c·T_{g1} = 0,36·360 = 129,6 s

T_u = 129,6 + 17,4 + 8 + 25 = 180 s

b) $s_o = \dfrac{T_u}{T_a} = 1,6·\dfrac{T_u}{T_g}$ = 0,3

c) $A = \dfrac{T_a}{w} = \dfrac{T_g}{1,6·w}$ = 10 $\dfrac{s}{K}$

2.7 Eine Regelstrecke besteht aus dem Stellventil (Verzögerungs-glied 1. Ordnung mit der Eckfrequenz ω_1 = 50 min^{-1}), der eigent-lichen Strecke, die ein totzeitbehaftetes Verzögerungsglied 1. Ordnung ist (ω_2 = 1,44 min^{-1}, T_t = 7 s), dem Fühler (Verzö-gerungsglied 1. Ordnung ω_3 = 1,8 min^{-1}) und dem Meßumformer (Verzögerungsglied 1. Ordnung ω_4 = 40 min^{-1}).

a) Berechnen Sie Ersatzausgleichszeit und Ersatzverzugszeit der Reihenschaltung obiger Regelkreisglieder!

b) Wie gut läßt sich die Gesamtstrecke regeln (T_g = 1,6·T_a)?

c) Bestimmen Sie den Regelfaktor, wenn die Regelstrecke mit einem P-Regler (K_{PR} = 2,2) geregelt wird.

d) Wie groß ist die Regeldifferenz, wenn auf den Eingang der Strecke eine Störung z einwirkt?

Lösung:

a)

	T_g in s	T_t in s
1 Ventil	$\frac{1}{\omega_1}$ = 1,2	0
2 Strecke	$\frac{1}{\omega_2}$ = 41,67	7
3 Fühler	$\frac{1}{\omega_3}$ = 33,33	0
4 Meßumformer	$\frac{1}{\omega_4}$ = 1,5	0

Die Zusammenfassung von Glied 2 und Glied 3 zu einem Einzelglied (T_{gI}, T_{uI}) ergibt:

$$T_{gI} = 41,67 + 33,33 = 75 \text{ s}$$
$$\frac{T_{g3}}{T_{g2}} = 0,8; \quad c = 0,32$$
$$T_u^* = 0,32 \cdot 33,33 = 10,66 \text{ s}$$
$$T_{uI} = T_u^* + T_{t2} = 17,66 \text{ s}$$

Die Ersatzausgleichszeit T_g und die Ersatzverzugszeit T_u der Reihenschaltung dieses Einzelgliedes mit den Gliedern 1 und 4 erhält man zu:

$$T_g \approx T_{gI} = 75 \text{ s}$$
$$T_u \approx T_{uI} + T_{g1} + T_{g4} = 20,36 \text{ s}$$

b)
$$s_o = \frac{T_u}{T_a} = 1,6 \frac{T_u}{T_g} = 0,43$$

c)
$$R = \frac{1}{1 + K_{PS} \cdot K_{PR}} = \frac{1}{1 + 1 \cdot 2,2} = 0,31$$

d) Die bleibende Regelabweichung x_{dz} ist gleich:

$$x_{dz} = K_{PS} \cdot R \cdot z = 0,31 \cdot z$$

2.8 Für eine Temperaturregelstrecke wurde experimentell der Auslaufvorgang bestimmt. Zum Zeitpunkt t = 0 wurde der volle Stellbereich abgeschaltet und folgender Temperaturverlauf gemessen:

t min	0	1	2	3	5	7	8	9	11	12	14	16
ϑ °C	160	160	158	150	120	80	60	42	17	10	3	1

a) Bestimmen Sie für diese Strecke Ersatzausgleichszeit T_{g1} und Ersatzverzugszeit T_{u1}, Anlaufwert A und unvermeidbare Regeldifferenz x_u.

b) In Reihe geschaltet mit dieser Strecke sind ein Fühler (T_{g2} = 18 s), ein Meßumformer (T_{g3} = 1,5 s) und ein Membranventil (T_{g4} = 0,5 s). Wie groß sind Ersatzausgleichszeit T_g und Ersatzverzugszeit T_u der Reihenschaltung?

c) Welchen günstigsten Regler würden Sie auswählen und wie würden Sie ihn einstellen? Begründen Sie kurz Ihre Wahl!

Lösung:

a)

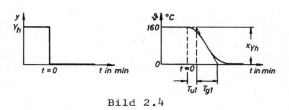

Bild 2.4

Aus Bild 2.4 erhält man:

$$T_{g1} = 8 \text{ min}$$

$$T_{u1} = 3 \text{ min}$$

$$A = \frac{T_{g1}}{x_{Y_h}} = 3 \frac{s}{K}$$

$$x_u = \frac{T_{u1}}{T_{g1}} \cdot x_{Y_h} = 60 \text{ K}$$

b)

$$T_g \approx T_{g1} = 8 \text{ min}$$

$$T_u \approx T_{u1} + T_{g2} + T_{g3} + T_{g4} = 200 \text{ s}$$

c) Eine Temperaturregelstrecke, wie die vorliegende, wird günstig mit einem PID-Regler geregelt, der wegen seines I-Anteils eine Regeldifferenz zum Verschwinden bringt und we-

Tabelle 2.2   Zeitverhalten stetiger Regler

	P - Regler	I - Regler	PI - Regler	PD - Regler	PID - Regler
x_d, y (Zeitverläufe)	$t=0$				
Gleichung	$y = K_P \cdot x_d$ $= \frac{Y_h}{X_P} \cdot x_d$	$y = K_I \int x_d \, dt$ $= \frac{Y_h}{X_h} \cdot \frac{1}{T_I} \int x_d \, dt$	$y = K_P x_d + K_I \int x_d \, dt$ $= \frac{Y_h}{X_P}(x_d + \frac{1}{T_n} \int x_d \, dt)$	$y = K_P \cdot x_d + K_D \frac{dx_d}{dt}$ $= \frac{Y_h}{X_P}(x_d + T_v \frac{dx_d}{dt})$	$y = K_P \cdot x_d + K_I \int x_d \, dt + K_D \frac{dx_d}{dt}$ $= \frac{Y_h}{X_P}(x_d + \frac{1}{T_n} \int x_d \, dt + T_v \frac{dx_d}{dt})$
K_P	$K_P = \frac{Y_h}{X_P}$		$K_P = \frac{Y_h}{X_P}$	$K_P = \frac{Y_h}{X_P}$	$K_P = \frac{Y_h}{X_P}$
K_I		$K_I = \frac{Y_h}{X_h \cdot T_I}$	$K_I = \frac{Y_h}{X_P} \cdot \frac{1}{T_n}$		$K_I = \frac{Y_h}{X_P} \cdot \frac{1}{T_n}$
K_D				$K_D = \frac{Y_h}{X_P} \cdot T_v$	$K_D = \frac{Y_h}{X_P} \cdot T_v$
Legende	X_P Proportionalbereich Y_h Stellbereich	X_h Steuerbereich T_I Stellzeit	T_n Nachstellzeit	T_v Vorhaltzeit	

gen des D-Anteils rasch eingreift (s. auch Tabelle 2.2 auf
Seite 29).

$$X_p = 0,8 \cdot \frac{T_u}{A} = 53,3 \text{ K}$$

$$T_n = 2 \cdot T_u = 400 \text{ s}$$

$$T_v = 0,5 \cdot T_u = 100 \text{ s}$$

2.9 Der Druck in einem chemischen Behälter wird mit einem PID-
Regler auf einem konstanten Wert gehalten. Die Strecke ist ein
Verzögerungsglied 1. Ordnung mit der Zeitkonstante T_S und dem
P-Beiwert $K_S = x_{Y_h}/Y_{h_2}$. Das Stellventil hat den P-Beiwert
$K_V = Y_{h_2}/Y_{h_1}$. Der Regler besitzt die Kennwerte X_p, T_n und T_v.
Wie groß sind die ungedämpfte Eigenfrequenz ω_n und der Dämp-
fungsgrad $\int$ des Regelkreises?

Lösung:

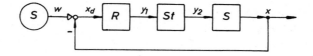

Bild 2.5

Regler R:
$$y_1 = \frac{Y_{h_1}}{X_p} \cdot (x_d + \frac{1}{T_n} \int x_d dt + T_v \cdot \frac{dx_d}{dt})$$

Stellglied St: $\quad y_2 = K_V \cdot y_1$

Strecke S: $\quad T_S \cdot \frac{dx}{dt} + x = K_S \cdot y_2$

Die Übertragungsfunktionen der Einzelglieder lauten:

Regler R: $\quad F_R = \frac{y_1}{x_d} = \frac{Y_{h_1}}{X_p} \cdot (1 + \frac{1}{sT_n} + sT_v)$

Stellglied St: $\quad F_{St} = \frac{y_2}{y_1} = K_V = \frac{Y_{h_2}}{Y_{h_1}}$

Strecke S:
$$F_S = \frac{x}{y_2} = K_S \cdot \frac{1}{1 + s \cdot T_S} = \frac{x_{Y_h}}{Y_{h_2}} \cdot \frac{1}{1 + s \cdot T_S}$$

Es ist:
$$x = F_R F_{St} F_S \cdot x_d$$

und:
$$x_d = w - x$$

Durch Eliminieren von x_d erhält man die Übertragungsfunktion:

$$\frac{x}{w} = \frac{F_R F_{St} F_S}{1 + F_R F_{St} F_S}$$

Aus der charakteristischen Gleichung findet man die gesuchten Größen.

$$1 + F_R F_{St} F_S = 0$$

$$1 + \frac{Y_{h_1}}{X_P} \cdot (1 + \frac{1}{sT_n} + sT_v) \cdot \frac{Y_{h_2}}{Y_{h_1}} \cdot \frac{x_{Y_h}}{Y_{h_2}} \cdot \frac{1}{1 + s \cdot T_S} = 0$$

Durch Ausmultiplizieren erhält man:

$$s^2 (x_{Y_h} T_v T_n + X_P T_S T_n) + s (x_{Y_h} T_n + X_P T_n) + x_{Y_h} = 0$$

$$s^2 + s \frac{x_{Y_h} + X_P}{x_{Y_h} T_v + X_P T_S} + \frac{x_{Y_h}}{T_n (x_{Y_h} T_v + X_P T_S)} = 0$$

Durch Vergleich mit der Gleichung:

$$s^2 + 2 \zeta \omega_n s + \omega_n^2 = 0$$

ergibt sich somit:

$$\omega_n = \sqrt{\frac{x_{Y_h}}{T_n (x_{Y_h} T_v + X_P T_S)}}$$

$$\zeta = \frac{T_n (x_{Y_h} + X_P)}{2 \sqrt{x_{Y_h} T_n (x_{Y_h} T_v + X_P T_S)}}$$

2.10 Ein Fliehkraftregler ist mit horizontaler Achse auf der Welle eines Antriebsmotors angebracht. Geben Sie an, welcher Zusammenhang zwischen der Drehzahl n als Eingangsgröße und dem Weg x als Ausgangsgröße besteht. Der Fliehkraftregler ist bei

A mit der Welle fest verbunden und bei B horizontal beweglich.
Die verwendeten Größen können aus Bild 2.6, das die Ruhestel-
lung zeigt, entnommen werden.

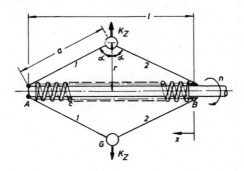

Bild 2.6

Lösung:

Die Zentrifugalkraft für ein Gewicht lautet:

$$K_Z = \frac{G}{g} \cdot r \cdot \omega^2 = \frac{G}{g} \cdot \sqrt{a^2 - \left(\frac{1-x}{2}\right)^2} \cdot \left(\frac{n \cdot \pi}{30}\right)^2$$

An jedem Gewicht ist die Zentrifugalkraft K_Z mit den beiden
Stabkräften K_S im Gleichgewicht. Die Stabkraft im fest gela-
gerten Stab 1 kann auf die Feder nicht einwirken, während die
horizontale Komponente K_{SH2} der Stabkraft K_{S2} die Feder zusam-
menzudrücken versucht.

Kräftezerlegung

an der oberen Kugel

Bild 2.7

Es gilt: $K_{SH2} = \dfrac{K_Z}{2} \cdot \tan \alpha = \dfrac{G}{2 \cdot g} \cdot \left(\dfrac{n \cdot \pi}{30}\right)^2 \cdot \left(\dfrac{1-x}{2}\right)$

Aus dem Kräftegleichgewicht der Horizontalkraft K_{SH2} und der
Federkraft K_c im Punkt B erhält man:

$$2 \cdot K_{SH2} - K_c = 0$$

$$\frac{G}{2 \cdot g} \cdot (\frac{n \cdot \pi}{30})^2 \cdot (1 - x) - c \cdot x = 0$$

$$x = \frac{G \cdot \pi^2 \cdot 1 \cdot n^2}{1800 \cdot c \cdot g + G \cdot \pi^2 \cdot n^2}$$

Zwischen der Eingangsgröße n und der Ausgangsgröße x besteht also ein nichtlinearer Zusammenhang.

3. Entwerfen und Vereinfachen von Blockschaltbildern

3.1 Die Drehzahlregelung einer Dampfmaschine nach James Watt
zeigt Bild 3.1.

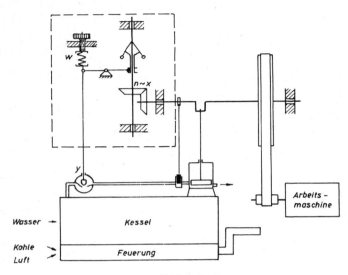

Bild 3.1

Entwerfen Sie für diese Drehzahlregelung ein ausführliches
Blockschaltbild, wobei die Eingangs- und Ausgangsgrößen der
Einzelblöcke physikalische Größen (wie z.B. Weg, Kraft, Drehzahl ...) sein sollen. Bezeichnen Sie die Einzelblöcke und die
zugehörigen Eingangs- und Ausgangsgrößen!

Lösung:

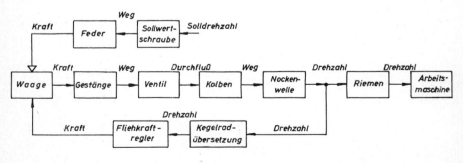

Bild 3.2

3.2 Wie sieht das ausführliche Blockschaltbild für die Spannungsregelung nach Bild 3.3 aus?

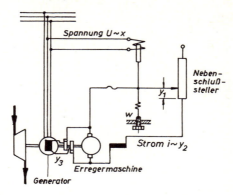

Bild 3.3

Lösung:

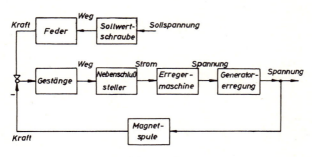

Bild 3.4

3.3 Für die Druckregelung nach Bild 3.5 soll das Blockschaltbild entworfen werden.

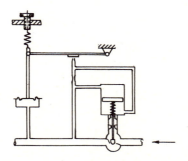

Bild 3.5

Lösung:

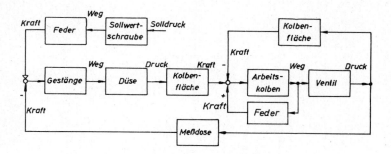

Bild 3.6

3.4 Geben Sie das Blockschaltbild für den Strahlrohrregler nach Bild 3.7 an.

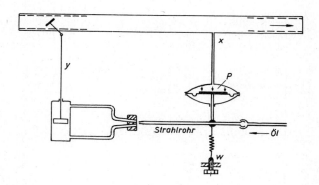

Bild 3.7

Lösung:

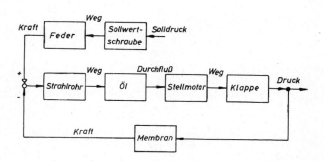

Bild 3.8

3.5 Im Bild 3.9 ist die gerätetechnische Darstellung für die Temperaturregelung eines Heizkissens gezeigt. Geben Sie das Blockschaltbild dafür an!

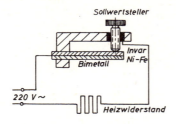

Bild 3.9

Lösung:

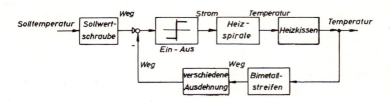

Bild 3.10

3.6 Für das in Bild 3.11 dargestellte elektrische System soll das Blockschaltbild entworfen werden, wobei die eingeprägte Spannung u_e die Erregung und die Spannung u_a die Antwort sein soll. (Die zeitabhängigen Größen werden in der Regel mit kleinen Buchstaben, die frequenzabhängigen Größen mit Großbuchstaben bezeichnet.)

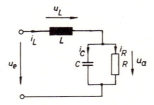

Bild 3.11

Lösung:

Das gegebene elektrische System besteht aus drei linearen

Einzelelementen: Widerstand, Spule und Kondensator. Im Blockschaltbild wird jedes Einzelelement durch einen Übertragungs-
block mit entsprechender Übertragungsfunktion F(s) dargestellt.
Diese Funktion beschreibt die physikalische Gesetzmäßigkeit
zwischen der Erregung E(s) und der Antwort A(s) (Bild 3.12).

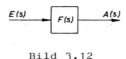

Bild 3.12

Für die Antwort gilt:

$$A(s) = F(s) \cdot E(s)$$

Bei vorgegebener Erregung und bekannter Übertragungsfunktion
kann also eine Aussage über die Antwort gemacht werden.
Die Verbindungslinien zwischen den Blöcken sind Signalleitungen. Die Signale entsprechen den Ursachen und Wirkungen am
Einzelelement. In den Signalleitungen treten Summations- und
Verzweigungsstellen auf. An einer Summationsstelle werden die
ankommenden Signale vorzeichenrichtig addiert.

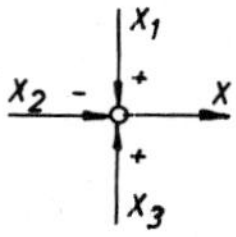

$$X = X_1 - X_2 + X_3$$

Bild 3.13

An einer Verzweigungsstelle wird ein ankommendes Signal nach
mehreren Richtungen hin mit seinem vollen Informationsgehalt
weitergeleitet.

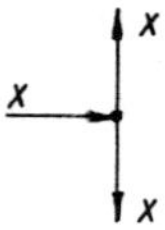

Bild 3.14

Es wird nun das Blockschaltbild entworfen. Um den ersten Block
zeichnen zu können, muß der Spannungsabfall an der Spule bekannt sein. Nach der Maschengleichung für den linken Kreis
(Bild 3.11) gilt für die Spannungen:

$$u_e = u_L + u_a$$

$$u_L = u_e - u_a$$

Im Blockschaltbild führt diese Gleichung auf eine Summationsstelle (Bild 3.15).

Bild 3.15

u_L ist die Erregung an der Spule. Für den Strom, der durch die
Spule fließt, gilt dann:

$$i_L = \frac{1}{L} \int u_L \, dt$$

Unterwirft man diese Gleichung der Laplace-Transformation, erhält man:

$$I_L = \frac{1}{sL} \cdot U_L$$

Der Strom I_L ist die Antwort auf die Spannung U_L. Die Übertra-
gungsfunktion für die Spule ist dann $\frac{1}{sL}$, wenn die Spannung als
Erregung betrachtet wird. Damit ist der erste Einzelblock des
Blockschaltbilds bestimmt (Bild 3.16).

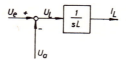

Bild 3.16

Im nächsten Schritt soll der Einzelblock für den Kondensator
entworfen werden. Als Erregung wird der Strom I_C gewählt. Für
den Knotenpunkt der Ströme im elektrischen System (Bild 3.11)
gilt:

$$i_L = i_C + i_R$$

Dann ist im Blockschaltbild:

$$I_C = I_L - I_R$$

Bild 3.17 zeigt diesen Schritt:

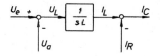

Bild 3.17

Für die Spannung u_a am Kondensator gilt:

$$u_a = \frac{1}{C} \int i_C dt$$

und Laplace-transformiert:

$$U_a = \frac{1}{sC} \cdot I_C$$

Somit ist U_a die Antwort und $\frac{1}{sC}$ die Übertragungsfunktion für den Block Kondensator (Bild 3.18).

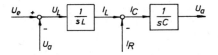

Bild 3.18

Das Blockschaltbild muß weiter vervollständigt werden.
Die Spannung u_a liegt auch am Widerstand. Man wählt also u_a als Erregung für den Widerstand. Als Antwort erhält man nach dem Ohmschen Gesetz den Strom i_R durch den Widerstand:

$$i_R = \frac{1}{R} \cdot u_a$$

Die Übertragungsfunktion für den Widerstand ist also $\frac{1}{R}$, wenn die Spannung die Erregung ist (Bild 3.19).

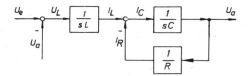

Bild 3.19

Die Spannung U_a wird noch an der Summationsstelle der Spannungen benötigt. Durch Zuführen dieses Signals erhält man das gesuchte Blockschaltbild (Bild 3.20) des elektrischen Systems.

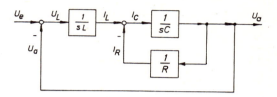

Bild 3.20

Die Einzelelemente sind also ihrer Wirkung nach Proportionalelemente oder Speicherelemente. Bei einem Proportionalelement ist die Antwort proportional der Erregung. Speicherelemente haben differenzierende oder integrierende Wirkung. Bei einem Differenzierglied ist die Antwort gleich dem zeitlichen Differentialquotienten der Erregung. Bei einem Integrierglied ist die Antwort gleich dem Zeitintegral der Erregung.

Jedes Speicherelement kann also, je nachdem was als Erregung und was als Antwort betrachtet wird, ein integrierendes oder differenzierendes Glied sein. Wird der Strom als Erregung gewählt, so hat die Spule eine differenzierende, der Kondensator eine integrierende Wirkung. Betrachtet man die Spannung als Erregung, so hat die Spule eine integrierende und der Kondensator eine differenzierende Wirkung.

Ein Ohmscher Widerstand ist ein Proportionalglied. Ist der Strom die Erregung, so liegt ein Widerstand vor; ist die Spannung die Erregung, so liegt ein Leitwert vor.

Dasselbe Verfahren, das hier für ein elektrisches System gezeigt wurde, läßt sich auf mechanische, hydraulische, pneumatische oder thermische Systeme übertragen. In Tabelle 3.1 sind die Größen zusammengestellt, die analoges Verhalten zeigen. In Tabelle 3.2 sind für die Proportionalelemente und Speicherelemente der verschiedenen Systeme die physikalischen Gesetzmäßigkeiten und die entsprechenden Übertragungsfunktionen zusammengestellt.

Tabelle 3.1

Größe	elektrisch	mech.-trans.	mech.-rot.
Quantität	Ladung Q $\quad$ C	Weg x $\quad$ m	Auslenkung α $\quad$ -
Potential- differenz	Spannung u $\quad$ V	Kraft K $\quad$ N	Drehmoment M $\quad$ N·m
Zeit	Zeit t $\quad$ s	Zeit t $\quad$ s	Zeit t $\quad$ s
Strömung	Stromstärke $i = \dfrac{dQ}{dt}$ $\quad$ A	Geschwindigkeit $v = \dfrac{dx}{dt}$ $\quad$ $\dfrac{m}{s}$	Winkelgeschw. $\omega = \dfrac{d\alpha}{dt}$ $\quad$ $\dfrac{1}{s}$
Widerstand	El. Widerstand $R = \dfrac{u}{i}$ $\quad$ Ω	Dämpfungswid. $d = \dfrac{K}{v}$ $\quad$ $\dfrac{N·s}{m}$	Dämpfungswid. $d_r = \dfrac{M}{\omega}$ $\quad$ N·m·s
Kapazität	El. Kapazität $C = \dfrac{Q}{u}$ $\quad$ F	Rez. Federkonst. $\dfrac{1}{c} = \dfrac{x}{K}$ $\quad$ $\dfrac{m}{N}$	Rez. Federkonst. $\dfrac{1}{c_r} = \dfrac{\alpha}{M}$ $\quad$ $\dfrac{1}{N·m}$
Trägheit	Selbstinduktion $L = \dfrac{u}{di/dt}$ $\quad$ H	Masse $m = \dfrac{K}{dv/dt}$ $\quad$ kg	Trägheitsmoment $J = \dfrac{M}{d\omega/dt}$ $\quad$ $kg·m^2$

Analoge Größen

Größe	hydraulisch	pneumatisch	thermisch
Quantität	Volumen V $\qquad m^3$	Gasmasse m $\qquad$ kg	Wärmemenge Q $\qquad$ kJ
Potential–differenz	Druck P_d $\qquad \frac{N}{m^2}$	Druck P_d $\qquad \frac{N}{m^2}$	Temperatur ϑ $\qquad$ K
Zeit	Zeit t $\qquad$ s	Zeit t $\qquad$ s	Zeit t $\qquad$ h
Strömung	Durchfluß $q = \frac{dV}{dt}$ $\qquad \frac{m^3}{s}$	Durchsatz $\dot{m} = \frac{dm}{dt}$ $\qquad \frac{kg}{s}$	Wärmestrom $\phi = \frac{dQ}{dt}$ $\qquad \frac{kJ}{h}$
Widerstand	Laminarwid. $r_1 = \frac{P_d}{q}$ $\qquad \frac{kg}{m^4 \cdot s}$	Pneumat. Wid. $r = \frac{P_d}{\dot{m}}$ $\qquad \frac{1}{m \cdot s}$	Wärmewiderstand $R_W = \frac{\vartheta}{\phi}$ $\qquad \frac{K \cdot h}{kJ}$
Kapazität	Speicherkap. $k = \frac{V_o}{P_o}$ $\qquad \frac{m^4 \cdot s^2}{kg}$	Speicherkap. $k = \frac{m}{P_d}$ $\qquad m \cdot s^2$	Wärmekapazität $k = \frac{Q}{\vartheta}$ $\qquad \frac{kJ}{K}$
Trägheit	$L_1 = \frac{P_d}{dq/dt}$ $\qquad \frac{kg}{m^4}$	$L = \frac{P_d}{d\dot{m}/dt}$ $\qquad \frac{1}{m}$	

Tabelle 3.2

	elektrisch	mech.-trans.	mech.-rot.
Übertragungs-block	$\xrightarrow{u} \boxed{F(s)} \xrightarrow{i}$ $\xrightarrow{i} \boxed{\frac{1}{F(s)}} \xrightarrow{u}$	$\xrightarrow{K} \boxed{F(s)} \xrightarrow{v}$ $\xrightarrow{v} \boxed{\frac{1}{F(s)}} \xrightarrow{K}$	$\xrightarrow{M} \boxed{F(s)} \xrightarrow{\omega}$ $\xrightarrow{\omega} \boxed{\frac{1}{F(s)}} \xrightarrow{M}$

Proportionalelemente

	elektrisch	mech.-trans.	mech.-rot.
Element	Widerstand R	Dämpfung d	Dämpfung d_r
Phys. Gesetz	$i = \frac{1}{R} \cdot u$	$v = \frac{1}{d} \cdot K$	$\omega = \frac{1}{d_r} \cdot M$
Übertragungs-funktion F(s)	$\frac{1}{R}$	$\frac{1}{d}$	$\frac{1}{d_r}$

Speicherelemente

	elektrisch	mech.-trans.	mech.-rot.
Element	Kondensator C	Feder c	Feder c_r
Phys. Gesetz	$i = C \cdot \frac{du}{dt}$	$v = \frac{1}{c} \cdot \frac{dK}{dt}$	$\omega = \frac{1}{c_r} \cdot \frac{dM}{dt}$
Übertragungs-funktion F(s)	$C \cdot s$	$\frac{s}{c}$	$\frac{s}{c_r}$
Element	Spule L	Masse m	Trägheit J
Phys. Gesetz	$i = \frac{1}{L} \int u \cdot dt$	$v = \frac{1}{m} \int K \cdot dt$	$\omega = \frac{1}{J} \int M \cdot dt$
Übertragungs-funktion F(s)	$\frac{1}{L \cdot s}$	$\frac{1}{m \cdot s}$	$\frac{1}{J \cdot s}$

Übertragungsfunktionen

		hydraulisch	pneumatisch	thermisch
	Übertragungs-block	$p_d \rightarrow \boxed{F(s)} \rightarrow q$ $q \rightarrow \boxed{\frac{1}{F(s)}} \rightarrow p_d$	$p_d \rightarrow \boxed{F(s)} \rightarrow \dot{m}$ $\dot{m} \rightarrow \boxed{\frac{1}{F(s)}} \rightarrow p_d$	$\vartheta \rightarrow \boxed{F(s)} \rightarrow \phi$ $\phi \rightarrow \boxed{\frac{1}{F(s)}} \rightarrow \vartheta$
Proportionalelemente	Element	Leitung r_1 ──────── ────────	Festdrossel r	Ebene Wand R_W
Proportionalelemente	Phys. Gesetz	$q = \frac{1}{r_1} \cdot p_d$	$\dot{m} = \frac{1}{r} \cdot p_d$	$\phi = \frac{1}{R_W} \cdot \vartheta$
Proportionalelemente	Übertragungs-funktion $F(s)$	$\frac{1}{r_1}$	$\frac{1}{r}$	$\frac{1}{R_W}$
Speicherelemente	Element	Speicher k	Speicher k	Speicher k
Speicherelemente	Phys. Gesetz	$q = k \cdot \frac{dp_d}{dt}$	$\dot{m} = k \cdot \frac{dp_d}{dt}$	$\phi = k \cdot \frac{d\vartheta}{dt}$
Speicherelemente	Übertragungs-funktion $F(s)$	$k \cdot s$	$k \cdot s$	$k \cdot s$
Speicherelemente	Element	Trägheit L_1	Trägheit L	
Speicherelemente	Phys. Gesetz	$q = \frac{1}{L_1} \int p_d \, dt$	$\dot{m} = \frac{1}{L} \int p_d \, dt$	
Speicherelemente	Übertragungs-funktion $F(s)$	$\frac{1}{L_1 \cdot s}$	$\frac{1}{L \cdot s}$	

3.7 Zu den gegebenen elektrischen Netzwerken sind die zugehörigen Blockschaltbilder zu entwerfen.

a)

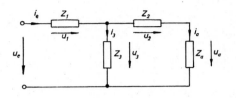

Bild 3.21

Lösung:

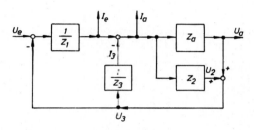

Bild 3.22

Durch Vereinfachung (s. Aufgabe 3.11) kann das gefundene Blockschaltbild in die folgende Form übergeführt werden (Bild 3.23).

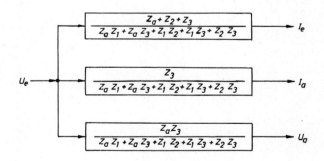

Bild 3.23

Aus Bild 3.23 läßt sich leicht die Übertragungsfunktion zwischen zwei Größen, z.B. zwischen den Größen I_e und U_e, I_a und U_e und U_a und U_e herauslesen.

b)

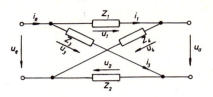

Bild 3.24

Lösung:

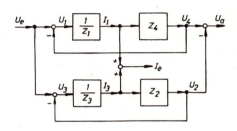

Bild 3.25

c)

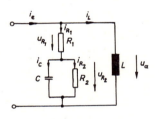

Bild 3.26

Lösung:

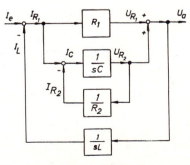

Bild 3.27

d)

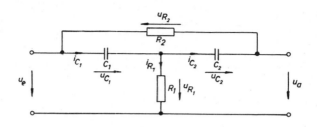

Bild 3.28

Lösung:

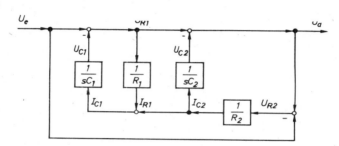

Bild 3.29

e)

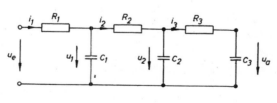

Bild 3.30

Lösung:

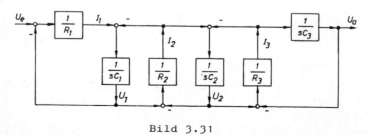

Bild 3.31

f)

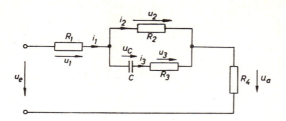

Bild 3.32

Lösung:

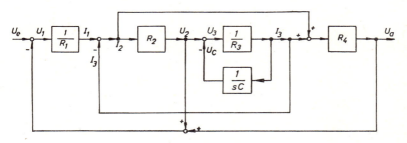

Bild 3.33

g) Im Bild 3.34 ist ein elektrisches Netzwerk gegeben, das in der Diode ein nichtlineares Glied enthält. Die Schaltung ermöglicht es, mit Hilfe eines Gleichrichters Gleichspannung direkt aus dem Wechselstromnetz zu gewinnen.

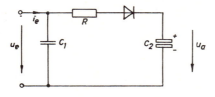

Bild 3.34

Entwerfen Sie für dieses elektrische Netzwerk das Blockschaltbild, wobei die Wechselspannung u_e die Erregung und einerseits die Gleichspannung u_a und andererseits der Eingangswechselstrom i_e die Antwort sein soll.

Lösung:

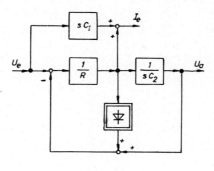

Bild 3.35

3.8 Für die gegebenen mechanisch-translatorischen Systeme mit ihren Einzelelementen, den Massen, Federn und Dämpfungsgliedern, sind die Blockschaltbilder zu entwerfen.

a)

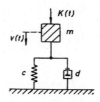

Bild 3.36

Lösung:

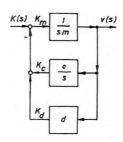

Bild 3.37

b)

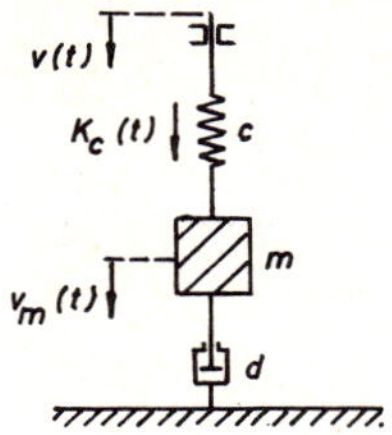

Bild 3.38

Lösung:

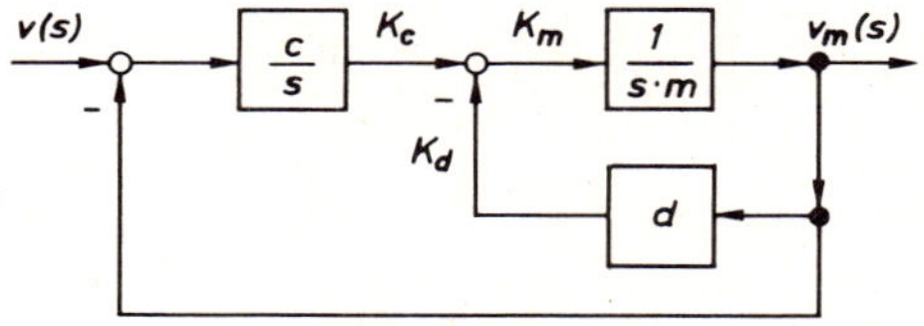

Bild 3.39

c)

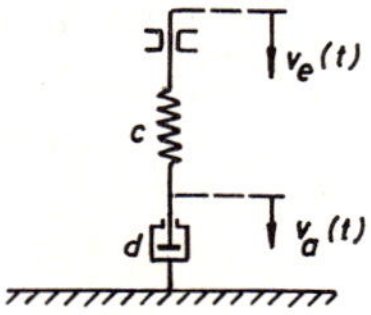

Bild 3.40

Lösung:

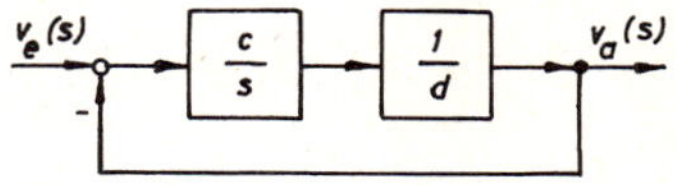

Bild 3.41

d)

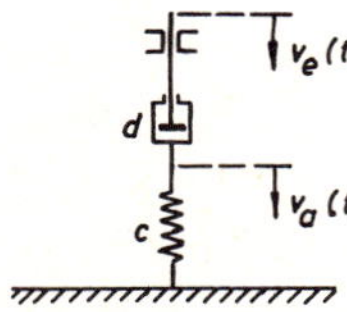

Bild 3.42

Lösung:

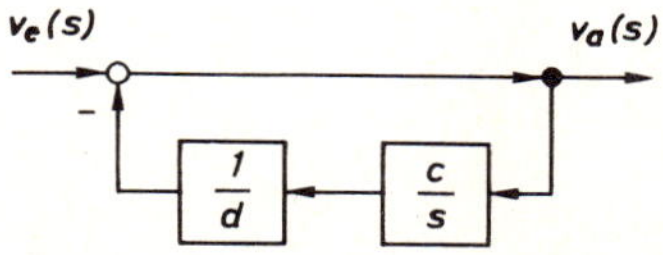

Bild 3.43

- 52 -

e)

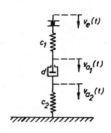

Bild 3.44

Lösung:

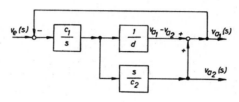

Bild 3.45

f)

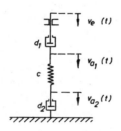

Bild 3.46

Lösung:

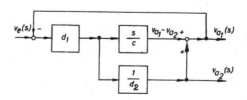

Bild 3.47

g)

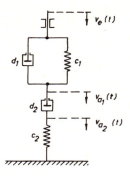

Bild 3.48

Lösung:

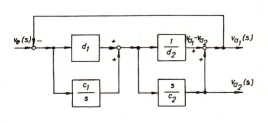

Bild 3.49

3.8 Im Bild 3.50 ist ein mechanisch-rotatorisches System dargestellt.

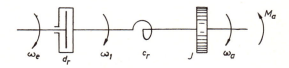

Bild 3.50

Dieses System besteht aus einem Dämpfungsglied, einer Torsions-
feder und einem Trägheitsmoment. Erregt wird das System mit der
Winkelgeschwindigkeit ω_e. Als Antwort betrachtet man die Winkelgeschwindigkeit ω_a bei einem Ausgangsmoment M_a. Entwerfen
Sie das Blockschaltbild.

- 54 -

Lösung:

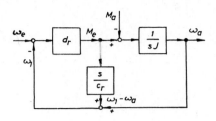

Bild 3.51

3.9 Gegeben ist ein hydraulisches System nach Bild 3.52. Es besteht aus einer langen Leitung, einem Speicher und einer Festdrossel.

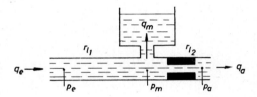

Bild 3.52

Gesucht ist das Blockschaltbild, das den Ausgangsdruck p_a als Funktion des Eingangsdrucks p_e darstellt. Da der Druck p_a auch vom Entnahmefluß Q_a abhängt, wird eine konstante Entnahme vorausgesetzt.

Lösung:

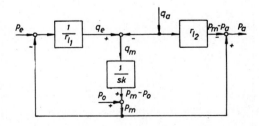

Bild 3.53

Mit p_o wird der bekannte Anfangsdruck im Speicher bezeichnet.

3.10 Gegeben ist ein Ward-Leonardsatz zur Drehzahlregelung einer Last (Bild 3.54).

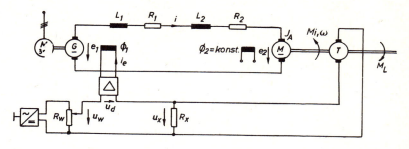

Bild 3.54

Geben Sie das Blockschaltbild für die Drehzahl des Arbeitsmotors in Abhängigkeit von der Erregerspannung des Steuergenerators an.

Lösung:

Es werden zuerst die Gleichungen für die Einzelelemente aufgestellt.

Vergleicher: $u_d = u_w - u_x$

Verstärker: $i_e = k_V \cdot u_d$

Generatorerregung: $e_1 = f(i_e)$

Ankerkreis: $e = (R_1 + R_2) \cdot i + (L_1 + L_2) \cdot \dfrac{di}{dt}$

$= R \cdot i + L \cdot \dfrac{di}{dt}$

Motor-EMK: $e_2 = k \cdot \omega \cdot \phi_2 = k_M \cdot \omega$

Motordrehmoment: $M_i = k \cdot i \cdot \phi_2 = k_M \cdot i$

$k = \dfrac{2p}{2a} \cdot \dfrac{Z}{2\pi}$

2p Polzahl

2a Zahl paralleler Ankerzweige

Z   gesamte Leiterzahl am Umfang

- 56 -

Drehbewegung: $J_A \cdot \dfrac{d\omega}{dt} = M_i - M_L$

Drehzahl: $n \quad = \dfrac{60}{2\pi} \cdot \omega$

Tachomaschine: $u_x \quad = k_T \cdot \omega$

Mit Hilfe dieser Gleichungen läßt sich nun das Blockschaltbild zeichnen (Bild 3.55).

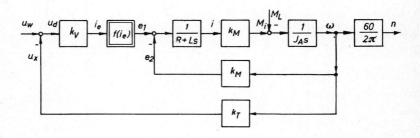

Bild 3.55

3.11 Vereinfachen Sie das Blockschaltbild nach Bild 3.56 zu
einem resultierenden Einzelblock.

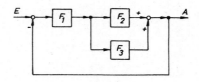

Bild 3.56

Lösung:

Komplizierte Blockschaltbilder bestehen aus Serienschaltungen,
Parallelschaltungen und Rückkopplungen von Blöcken, die nach
folgenden Regeln zu einem Einzelblock zusammengefaßt werden können:

Serienschaltung:

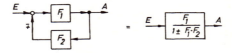

Parallelschaltung:

Rückkopplung:

Treten zahlreiche Verzweigungs- und Summationsstellen im Entwurf auf, so vereinfacht man das Blockschaltbild dadurch, daß
man diese nach Möglichkeit zusammenlegt. Dabei ist darauf zu
achten, daß nach der Veränderung an den Ausgängen dieselben
Signale auftreten wie vor der Veränderung.

Im obigen Beispiel wird zuerst die Parallelschaltung aufgelöst
(Bild 3.57).

Bild 3.57

Nun wird die Serienschaltung zusammengefaßt (Bild 3.58).

Bild 3.58

Durch Entfernen der Rückkopplung erhält man den gesuchten Einzelblock (Bild 3.59).

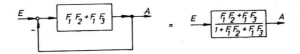

Bild 3.59

3.12 Wie lautet die Übertragungsfunktion des Einzelblocks auf den sich das Blockschaltbild nach Bild 3.60 reduzieren läßt?

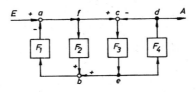

Bild 3.60

Lösung:

Es werden zwei Lösungswege angegeben, eine zeichnerische Lösungsmethode, wie sie in Aufgabe 3.11 dargestellt wurde, und ein rechnerischer Lösungsweg.

a) zeichnerisch:

    1. Schritt: Zusammenlegen der Summationsstellen a und b
            (Bild 3.61).

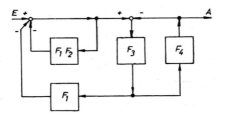

Bild 3.61

    2. Schritt: Zusammenlegen der Verzweigungsstellen d und e
            (Bild 3.62).

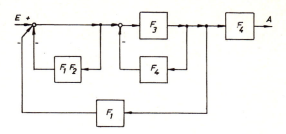

Bild 3.62

3. Schritt: Entfernen der Rückkopplungen (Bild 3.63).

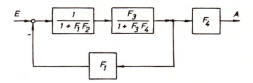

Bild 3.63

4. Schritt: Zusammenfassung der Serienschaltung (Bild 3.64).

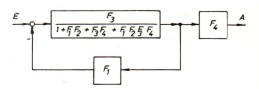

Bild 3.64

5. Schritt: Entfernen der Rückkopplung und Zusammenfassung
der Serienschaltung (Bild 3.65).

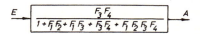

Bild 3.65

Damit ist die Übertragungsfunktion des Einzelblocks gefunden.

Manchmal erweist es sich als zweckmäßiger, das Blockschaltbild
rechnerisch umzuformen.

b) rechnerisch:

Man führt in das Blockschaltbild Hilfsgrößen ein (Bild 3.66).

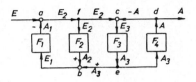

Bild 3.66

Es gilt:

$$A_3 = \frac{A}{F_4}$$

$$E_3 = \frac{A}{F_3 F_4}$$

Über die Summationsstelle c erhält man für E_2:

$$E_2 = A + E_3 = A + \frac{A}{F_3 F_4}$$

Dann ist:

$$A_2 = F_2 \cdot E_2 = F_2 \cdot (A + \frac{A}{F_3 F_4})$$

Über die Summationsstelle b ergibt sich:

$$E_1 = A_2 + A_3 = F_2 \cdot (A + \frac{A}{F_3 F_4}) + \frac{A}{F_4}$$

Für A_1 gilt dann:

$$A_1 = F_1 \cdot E_1 = F_1 F_2 \cdot (A + \frac{A}{F_3 F_4}) + \frac{F_1}{F_4} \cdot A$$

An der Summationsstelle a erhält man die Gleichung:

$$E = E_2 + A_1$$

$$E = A \cdot (1 + \frac{1}{F_3 F_4}) + A \cdot (F_1 F_2 + \frac{F_1 F_2}{F_3 F_4}) + A \cdot \frac{F_1}{F_4}$$

Damit ist die gesuchte Übertragungsfunktion gefunden:

$$\frac{A}{E} = \frac{F_3 F_4}{1 + F_1 F_2 + F_1 F_3 + F_3 F_4 + F_1 F_2 F_3 F_4}$$

3.13 Vereinfachen Sie das in Bild 3.67 dargestellte Blockschaltbild zu einem resultierenden Einzelblock.

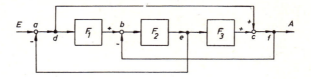

Bild 3.67

Lösung:

1. Schritt: Verlegen von Summationsstelle b.

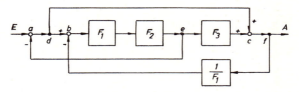

Bild 3.68

2. Schritt: Zusammenfassung der Serienschaltung.

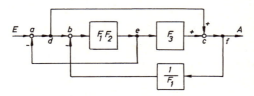

Bild 3.69

3. Schritt: Verlegen der Verzweigsstelle d hinter die Summations-
           stelle b.

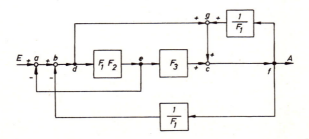

Bild 3.70

4. Schritt: Zusammenlegen der Summationsstellen a und b, sowie
c und g.

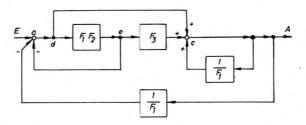

Bild 3.71

5. Schritt: Verlegen der Verzweigungsstelle e vor den Block.

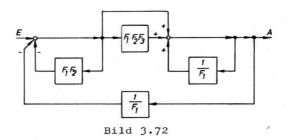

Bild 3.72

6. Schritt: Zusammenfassung der Mit- und Rückkopplungen.

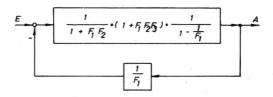

Bild 3.73

7. Schritt: Durch Entfernen der Rückkopplung erhält man den resultierenden Einzelblock und die Übertragungsfunktion

$$E \longrightarrow \boxed{\frac{1 + F_1 F_2 F_3}{1 - F_2 + F_1 F_2 + F_2 F_3}} \longrightarrow A$$

Bild 3.74

3.14 Geben Sie die Übertragungsfunktion für den Einzelblock an, der sich durch Vereinfachen des Blockschaltbilds (Bild 3.75) ergibt.

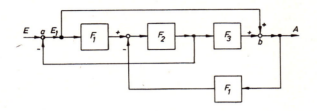

Bild 3.75

Lösung:

Die Lösung wird rechnerisch angegeben. Es werden die Gleichungen für die Summationsstellen a und b aufgestellt.

$$E_1 = E - (E_1 F_1 - A F_1) F_2$$
$$A = E_1 + (E_1 F_1 - A F_1) F_2 F_3$$

Durch Eliminieren der Größen E_1 erhält man die gesuchte Übertragungsfunktion:

$$\frac{A}{E} = 1$$

3.15 Gegeben ist das Blockschaltbild nach Bild 3.76, das ein nichtlineares Element enthält.

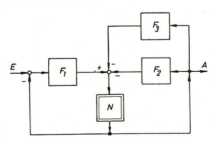

Bild 3.76

Dieses Blockschaltbild ist - soweit möglich - zusammenzufassen.

Lösung:

Bei der Vereinfachung eines Blockschaltbilds mit nichtlinearen Elementen ist zu beachten:

> Kreise, die ein nichtlineares Element enthalten, dürfen nicht zu einem Block zusammengefaßt werden.

> Lineare und nichtlineare Elemente in Reihenschaltung dürfen nicht vertauscht werden.

> Nichtlineare Elemente dürfen nicht über Summationsstellen verschoben werden.

Nichtlineare Elemente sind z.B. Elemente mit Kennlinien, Sättigung, Hysterese, Totzone, Zweipunktverhalten.

Nach diesen Regeln wird nun das Blockschaltbild vereinfacht.

1. Schritt:

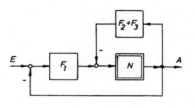

Bild 3.77

2. Schritt:

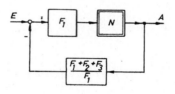

Bild 3.78

Eine weitere Vereinfachung ist nicht mehr möglich.

3.16 Die folgenden Blockschaltbilder sollen je zu einem resultierenden Einzelblock umgeformt werden. Die Übertragungsfunktion des Einzelblocks ist anzugeben.

a)

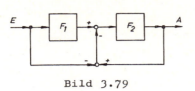

E
F1
F2
A
+
-
-
+

Bild 3.79

Lösung:

E
F2 + F1 F2
1+F2
A

Bild 3.80

b)

E
F1
F2
F3
A
-
-
-

Bild 3.81

Lösung:

E
F1 F2 F3
1 + F3 + F1 F2 + F2 F3
A

Bild 3.82

c)

E
F1
F2
F3
F4
F5
A
+
+
+
+

Bild 3.83

Lösung:

E
F1 F2 + F4 F5 + F1 F3 F5
A

Bild 3.84

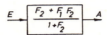

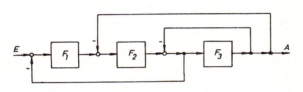

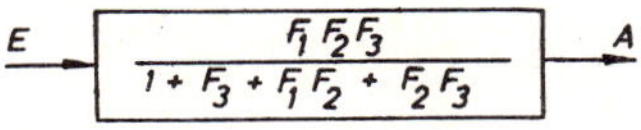

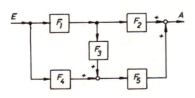

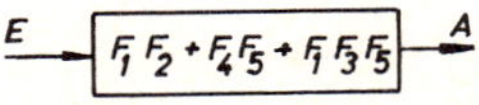

d)

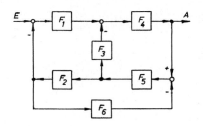

Bild 3.85

Lösung:

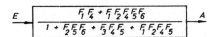

Bild 3.86

3.17 Formen Sie das gegebene Blockschaltbild um zu einem resultierenden Einzelblock.

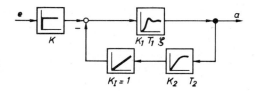

Bild 3.87

Lösung:

Die Blockschaltbilder enthalten als Symbole die Übergangsfunktion. Es wird zuerst die zugehörige Übertragungsfunktion nach
Tabelle 3.3 ermittelt.

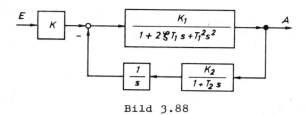

Bild 3.88

Tabelle 3.3   Blocksymbole

Glied	Übergangsfunktion	Übertragungsfunktion	Glied	Übergangsfunktion	Übertragungsfunktion
P	K_P	K_P	T_t	T_t	e^{-sT_t}
I	K_I	$\dfrac{K_I}{s}$	PD	K_P, T_v	$K_P(1+T_v s)$
D	K_D	$K_D s$	PI	K_P, T_n	$K_P(1+\dfrac{1}{T_n s})$
PT_1	K, T	$\dfrac{K}{1+Ts}$	PID	K_P, T_n, T_v	$K_P(1+\dfrac{1}{T_n s}+T_v s)$
PT_2	K, T, ζ	$\dfrac{K}{1+2\zeta Ts+T^2 s^2}$	DT_1	K_D, T	$\dfrac{K_D}{1+Ts}$

Durch Zusammenfassung der Rückführung ergibt sich Bild 3.89.

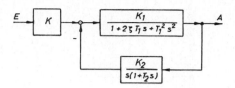

Bild 3.89

Durch Entfernen der Rückkopplung erhält man den gesuchten Einzelblock.

$$E \longrightarrow \boxed{\dfrac{KK_1 s + KK_1 T_2 s^2}{K_1 K_2 + s + (T_2 + 2\xi T_1)s^2 + (T_1^2 + 2\xi T_1 T_2)s^3 + T_1^2 T_2 s^4}} \longrightarrow A$$

Bild 3.90

3.18 Wie lautet die Übertragungsfunktion für den Einzelblock, den man durch Vereinfachen des Blockschaltbilds nach Bild 3.91 erhält?

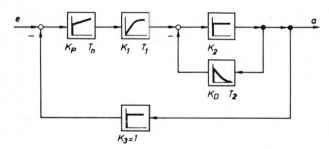

Bild 3.91

Lösung: 1. Schritt

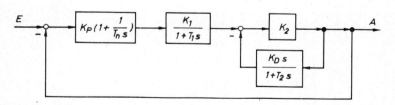

Bild 3.92

2. Schritt:

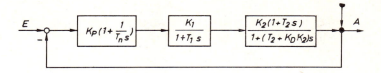

Bild 3.93

3. Schritt: Durch Zusammenfassen der Serienschaltung und Entfernen der Rückkopplung erhält man den gesuchten Einzelblock.

$$E \longrightarrow \boxed{\frac{Z(s)}{N(s)}} \longrightarrow A$$

Bild 3.94

Dabei ist:

$$Z(s) = K_P K_1 K_2 + (K_P K_1 K_2 T_n + K_P K_1 K_2 T_2) \cdot s + K_P K_1 K_2 T_n T_2 \cdot s^2$$

$$N(s) = K_P K_1 K_2 + (T_n + K_P K_1 K_2 T_n + K_P K_1 K_2 T_2) \cdot s +$$

$$+ (T_n T_1 + T_n T_2 + K_D K_2 T_n + K_P K_1 K_2 T_n T_2) \cdot s^2 +$$

$$+ (T_n T_1 T_2 + K_D K_2 T_n T_1) \cdot s^3$$

3.19 Ein Regler werde durch das Blockschaltbild nach Bild 3.95 dargestellt.

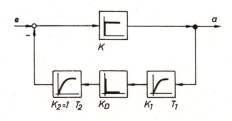

Bild 3.95

a) Wie lautet die Übertragungsfunktion $F_r(s)$ des Rückführzweiges?

b) Wie lautet die Übertragungsfunktion des gesamten Reglers, wenn die Verstärkung im Vorwärtszweig gegen Unendlich geht?

c) Um welchen Regler handelt es sich?

Lösung:

a) Mit Hilfe von Tabelle 3.3 sieht man, daß der Rückführzweig sich aus einem D-Glied und zwei Verzögerungsgliedern 1. Ordnung zusammensetzt. So ergibt sich folgende Übertragungsfunktion des Rückführzweiges:

$$F_r(s) = \frac{K_1 K_D s}{(1 + T_1 s) \cdot (1 + T_2 s)}$$

b) Die Übertragungsfunktion des gesamten Reglers bei unendlich großer Verstärkung des Vorwärtszweiges ist dann:

$$F(s) \approx \frac{1}{F_r(s)} = \frac{T_1}{K_1 K_D} \cdot (1 + \frac{1}{T_1 s}) \cdot (1 + T_2 s)$$

c) Es handelt sich um einen PID-Regler.

4. Differentialgleichungen

Sucht man die Differentialgleichung für ein System zu finden,
so geht man bei elektrischen Systemen von den Maschengleichungen aus, bei mechanischen Systemen stellt man die Gleichgewichts-
bedingungen auf.

4.1 Stellen Sie für das folgende elektrische Netzwerk (Bild 4.1)
die Differentialgleichung auf mit $u_e(t)$ als Erregung und $u_a(t)$
als Antwort.

Für eine Erregung $u_e(t) = a \cdot \cos \omega t$ soll die Differentialgleichung gelöst werden.

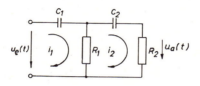

Bild 4.1

Lösung:

Die Summe aller Spannungen in einer Masche eines elektrischen
Netzwerkes ist gleich Null. Dies ist der Grundgedanke der Maschengleichungen. Bei linearen passiven Netzwerken setzt sich
eine Masche aus der Reihenschaltung von Ohmschen Widerständen,
Selbstinduktivitäten und Kapazitäten zusammen. In jeder Masche
fließt ein Maschenstrom (Kreisstrom). Wird ein Element von dem
Strom i durchflossen, so erhält man die Spannung an diesem Element nach den Gleichungen:

$$u = R \cdot i \qquad \text{(Ohmscher Widerstand)}$$

$$u = L \cdot \frac{di}{dt} \qquad \text{(Selbstinduktivität)}$$

$$u = \frac{1}{C} \int i \, dt \qquad \text{(Kapazität)}$$

Wird ein Element von zwei Kreisströmen gleichzeitig durchflossen, so setzt sich die Spannung an diesem Element aus der vor-
zeichenrichtigen Summation der Spannungsanteile der Einzelströ-
me zusammen (Bild 4.2). Dabei können die Ströme das Element
gleich- oder gegensinnig durchfließen.

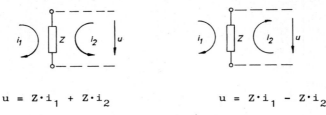

$$u = Z \cdot i_1 + Z \cdot i_2 \qquad\qquad u = Z \cdot i_1 - Z \cdot i_2$$

Bild 4.2

Maschengleichungen zu Bild 4.1

$$u_e = \frac{1}{C_1} \int i_1 dt + R_1 \cdot (i_1 - i_2) \qquad\qquad (1)$$

$$0 = R_1 \cdot (i_2 - i_1) + \frac{1}{C_2} \int i_2 dt + R_2 i_2 \qquad\qquad (2)$$

$$u_a = R_2 i_2 \qquad\qquad (3)$$

Aus Gleichung (3) erhält man:

$$i_2 = \frac{u_a}{R_2}$$

i_2 in Gleichung (2) eingesetzt, ergibt:

$$0 = \frac{R_1}{R_2} \cdot u_a - R_1 i_1 + \frac{1}{C_2 R_2} \int u_a dt + u_a$$

Hieraus wird i_1 berechnet und in die differenzierte Gleichung (1) eingesetzt.

$$\frac{du_e}{dt} = \frac{du_a}{dt} + \left(\frac{1}{C_1 R_1} + \frac{1}{C_1 R_2} + \frac{1}{C_2 R_2} \right) \cdot u_a + \frac{1}{C_1 C_2 R_1 R_2} \int u_a dt$$

Nach nochmaligem Differenzieren erhält man die gesuchte Differentialgleichung:

$$\frac{d^2 u_a}{dt^2} + \left(\frac{1}{C_1 R_1} + \frac{1}{C_1 R_2} + \frac{1}{C_2 R_2} \right) \cdot \frac{du_a}{dt} + \frac{1}{C_1 C_2 R_1 R_2} \cdot u_a = \frac{d^2 u_e}{dt^2}$$

Diese Differentialgleichung wird nun gelöst.

Man bezeichnet:

$$b = \frac{1}{C_1 R_1} + \frac{1}{C_1 R_2} + \frac{1}{C_2 R_2} \qquad\qquad c = \frac{1}{C_1 C_2 R_1 R_2}$$

Als homogene Differentialgleichung erhält man:

$$\frac{d^2 u_a}{dt^2} + b \cdot \frac{du_a}{dt} + c \cdot u_a = 0$$

Lösungsansatz: $u_a = e^{st}$

Durch Einsetzen dieser Exponentialgleichung in die homogene Differentialgleichung erhält man die charakteristische Gleichung:

$$s^2 + b \cdot s + c = 0$$

Als Wurzeln ergeben sich:

$$s_{1,2} = -\frac{b}{2} \pm \sqrt{\frac{b^2}{4} - c}$$

Die homogene Lösung lautet dann:

$$u_{ah} = K_1 \cdot e^{s_1 t} + K_2 \cdot e^{s_2 t}$$

Die Lösung der erweiterten Differentialgleichung setzt sich aus einer Linearkombination der homogenen und einer partikulären Lösung zusammen. Es ist also noch notwendig, eine partikuläre Lösung zu finden.

Als Erregung liegt eine cos-Funktion vor; $\cos \omega t = \mathrm{Re}(e^{j\omega t})$. Zur Lösung der erweiterten Differentialgleichung macht man den Ansatz:

$$u_a^* = A \cdot e^{j\omega t}.$$

Von der so ermittelten Lösung ist dann der reelle Anteil zu wählen.

Es ist:

$$u_a^* = A \cdot e^{j\omega t}$$

$$\frac{du_a^*}{dt} = j\omega \cdot A \cdot e^{j\omega t}$$

$$\frac{d^2 u_a^*}{dt^2} = -\omega^2 \cdot A \cdot e^{j\omega t}$$

Durch Einsetzen in die Differentialgleichung erhält man somit:

$$(-\omega^2 + j\omega b + c) \cdot A \cdot e^{j\omega t} = -a \cdot \omega^2 \cdot e^{j\omega t}$$

$$A = \frac{-a \cdot \omega^2}{c - \omega^2 + j\omega b} = \frac{-a\,\omega^2(c - \omega^2 - j\omega b)}{(c - \omega^2)^2 + \omega^2 b^2}$$

Da es sich um eine cos-Erregung handelt, ist der Realteil dieser Lösung zu wählen.

$$\mathrm{Re}(u_a^*) = \mathrm{Re}\left(\frac{-a \cdot \omega^2(c - \omega^2 - j\omega b)}{(c - \omega^2)^2 + \omega^2 b^2}\, e^{j\omega t}\right)$$

$$\mathrm{Re}(u_a^*) = \frac{a \cdot \omega^4 - ac \cdot \omega^2}{(c - \omega^2)^2 + \omega^2 b^2} \cdot \cos\omega t - \frac{ab \cdot \omega^3}{(c - \omega^2)^2 + \omega^2 b^2}\, \sin\omega t$$

Somit lautet die Gesamtlösung:

$$u_a = u_{ah} + u_a^*$$

$$u_a = K_1 \cdot e^{\left(-\frac{b}{2} + \sqrt{\frac{b^2}{4} - c}\right)t} + K_2 \cdot e^{\left(-\frac{b}{2} - \sqrt{\frac{b^2}{4} - c}\right)t} +$$

$$+ \frac{a \cdot \omega^4 - ac \cdot \omega^2}{(c - \omega^2)^2 + \omega^2 b^2} \cdot \cos\omega t - \frac{ab \cdot \omega^3}{(c - \omega^2)^2 + \omega^2 b^2} \cdot \sin\omega t$$

Durch die Anfangsbedingungen $u_a(t = 0)$ und $\frac{du_a}{dt}(t = 0)$ lassen sich die beiden Konstanten K_1 und K_2 bestimmen.

4.2 Stellen Sie für die gegebenen elektrischen Netzwerke die Differentialgleichungen auf und leiten Sie die Übertragungsfunktionen ab.

a)

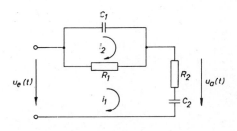

Bild 4.3

b)

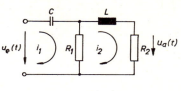

Bild 4.4

c)

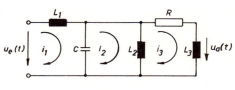

Bild 4.5

Lösung:

a) Die Maschengleichungen lauten:

$$u_e = R_1 i_1 + R_2 i_1 + \frac{1}{C_2} \int i_1 dt - R_1 i_2$$

$$0 = - R_1 i_1 + R_1 i_2 + \frac{1}{C_1} \int i_2 dt$$

$$u_a = R_2 i_1 + \frac{1}{C_2} \int i_1 dt$$

Durch Umformen und Eliminieren der Ströme i_1 und i_2 erhält man die gesuchte Differentialgleichung mit $u_e(t)$ als Erregung und $u_a(t)$ als Antwort:

$$R_1 R_2 C_1 C_2 \cdot \frac{d^2 u_a}{dt^2} + (R_1 C_1 + R_2 C_2 + R_1 C_2) \cdot \frac{du_a}{dt} + u_a =$$

$$= R_1 R_2 C_1 C_2 \cdot \frac{d^2 u_e}{dt^2} + (R_1 C_1 + R_2 C_2) \cdot \frac{du_e}{dt} + u_e$$

Die Übertragungsfunktion erhält man aus der Differentialgleichung, indem man als Erregung die Dauererregung $e(t) = E(s)e^{st}$ und als Antwort die Funktion $a(t) = A(s)e^{st}$ wählt. Die gesuchte Übertragungsfunktion $F(s)$ ist der Quotient:

$$F(s) = \frac{A(s)}{E(s)}$$

Es gilt dann:

$$u_a = A \cdot e^{st}$$

und:

$$u_e = E \cdot e^{st}$$

Dann ist auch:

$$\frac{d^n u_a}{dt^n} = A \cdot s^n \cdot e^{st}$$

und:

$$\frac{d^m u_e}{dt^m} = E \cdot s^m \cdot e^{st}$$

In die Differentialgleichung eingesetzt, erhält man:

$$\left[R_1 R_2 C_1 C_2 \cdot s^2 + (R_1 C_1 + R_2 C_2 + R_1 C_2) \cdot s + 1 \right] \cdot A \cdot e^{st} =$$

$$= \left[R_1 R_2 C_1 C_2 \cdot s^2 + (R_1 C_1 + R_2 C_2) \cdot s + 1 \right] \cdot E \cdot e^{st}$$

und damit ist die Übertragungsfunktion gefunden:

$$F(s) = \frac{A(s)}{E(s)} = \frac{1 + (R_1 C_1 + R_2 C_2) \cdot s + R_1 R_2 C_1 C_2 \cdot s^2}{1 + (R_1 C_1 + R_2 C_2 + R_1 C_2) \cdot s + R_1 R_2 C_1 C_2 \cdot s^2}$$

b) Maschengleichungen:

$$u_e = \frac{1}{C} \int i_1 dt + R_1 i_1 - R_1 i_2$$

$$0 = - R_1 i_1 + R_2 i_2 + L \cdot \frac{di_2}{dt} + R_1 i_2$$

$$u_a = R_2 i_2$$

Differentialgleichung:

$$R_1 LC \cdot \frac{d^2 u_a}{dt^2} + (L + R_1 R_2 C) \cdot \frac{du_a}{dt} + (R_1 + R_2) \cdot u_a = R_1 R_2 C \cdot \frac{du_e}{dt}$$

Übertragungsfunktion:

$$F(s) = \frac{R_1 R_2 C \cdot s}{R_1 LC \cdot s^2 + (L + R_1 R_2 C) \cdot s + (R_1 + R_2)}$$

c) Maschengleichungen:

$$u_e = L_1 \cdot \frac{di_1}{dt} + \frac{1}{C} \int i_1 dt - \frac{1}{C} \int i_2 dt$$

$$0 = -\frac{1}{C} \int i_1 dt + \frac{1}{C} \int i_2 dt + L_2 \cdot \frac{di_2}{dt} - L_2 \cdot \frac{di_3}{dt}$$

$$0 = -L_2 \cdot \frac{di_2}{dt} + L_2 \cdot \frac{di_3}{dt} + Ri_3 + L_3 \cdot \frac{di_3}{dt}$$

$$u_a = L_3 \cdot \frac{di_3}{dt}$$

Differentialgleichung:

$$L_1 L_2 L_3 C \cdot \frac{d^3 u_a}{dt^3} + L_1 L_2 CR \cdot \frac{d^2 u_a}{dt^2} + (L_1 L_2 + L_1 L_3 + L_2 L_3) \cdot \frac{du_a}{dt} +$$

$$+ (L_1 R + L_2 R) \cdot u_a = L_2 L_3 \cdot \frac{du_e}{dt}$$

Übertragungsfunktion:

$$F(s) = \frac{L_2 L_3 s}{L_1 L_2 L_3 Cs^3 + L_1 L_2 CRs^2 + (L_1 L_2 + L_1 L_3 + L_2 L_3)s + L_1 R + L_2 R}$$

4.3 Ein Transformator mit den Induktivitäten L_1 und L_2, den Streuinduktivitäten L_{s1} und L_{s2}, den Ohmschen Widerständen R_1 und R_2 und der Gegeninduktivität M werde auf der Sekundärseite mit einem Verbraucher belastet, der aus der Reihenschaltung eines Ohmschen Widerstandes R_v und einer Induktivität L_v besteht. Geben Sie die Differentialgleichung des sekundärseitigen Stromes $i_2(t)$ bei einer primärseitigen Erregung $u_1(t)$ an!

Lösung:

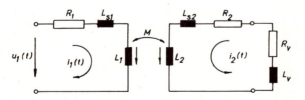

Bild 4.6

Im Bild 4.6 ist das Ersatzschaltbild des Transformators mit der Belastung dargestellt. Man stellt nun die Maschengleichungen auf und erhält:

$$u_1 = R_1 i_1 + L_{s1} \cdot \frac{di_1}{dt} + L_1 \cdot \frac{di_1}{dt} + M \cdot \frac{di_2}{dt}$$

$$0 = R_2 i_2 + L_{s2} \cdot \frac{di_2}{dt} + L_2 \cdot \frac{di_2}{dt} + L_v \cdot \frac{di_2}{dt} + R_v i_2 + M \cdot \frac{di_1}{dt}$$

Daraus erhält man durch Eliminieren von i_1 die gewünschte Differentialgleichung:

$$(M^2 - L_1 L_2 - L_1 L_{s2} - L_1 L_v - L_2 L_{s1} - L_{s1} L_{s2} - L_{s1} L_v) \cdot \frac{d^2 i_2}{dt^2} -$$

$$- (R_1 L_2 + R_1 L_{s2} + R_1 L_v + R_2 L_1 + R_2 L_{s1} + R_v L_1 + R_v L_{s1}) \cdot \frac{di_2}{dt} -$$

$$- (R_1 R_2 + R_1 R_v) \cdot i_2 = M \cdot \frac{du_1}{dt}$$

4.4 Gesucht ist die Differentialgleichung für das mechanische System nach Bild 4.7, wobei die Kraft K die Erregung und die Geschwindigkeit v der Masse die Antwort sein soll.

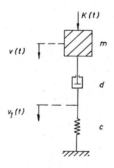

Bild 4.7

Lösung:

Bei mechanischen Systemen wird das Kräftegleichgewicht an den Einzelelementen betrachtet. Als Einzelelemente treten Massen, Dämpfungsglieder und Federn auf. Soll ein Element sich mit der Geschwindigkeit v bewegen, so sind folgende Kräfte aufzubringen:

$$K = d \cdot v \qquad \text{(Dämpfungsglied)}$$

$$K = m \cdot \frac{dv}{dt} \qquad \text{(Masse)}$$

$$K = c \int v \, dt \qquad \text{(Feder)}$$

Es wird nun für das System nach Bild 4.7 das Kräftegleichgewicht an den Einzelelementen aufgestellt. Dies zeigt Bild 4.8.

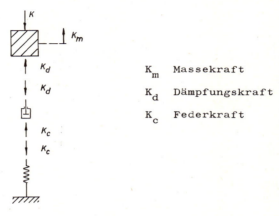

K_m Massekraft

K_d Dämpfungskraft

K_c Federkraft

Bild 4.8

Aus Bild 4.8 erhält man folgende Gleichungen:

$$K = K_m + K_d \qquad (1)$$

$$K_d = K_c \qquad (2)$$

Es ist:

$$K_m = m \cdot \frac{dv}{dt} \qquad (3)$$

$$K_d = d \cdot (v - v_1) \qquad (4)$$

$$K_c = c \int v_1 \, dt \qquad (5)$$

Durch Einsetzen der Gleichungen (3), (4), (5) in (1), (2) und durch Eliminieren von v_1 erhält man die gesuchte Differential-gleichung:

$$d \cdot m \cdot \frac{d^2 v}{dt^2} + c \cdot m \cdot \frac{dv}{dt} + c \cdot d \cdot v = d \cdot \frac{dK}{dt} + c \cdot K$$

4.5 Gesucht ist die Differentialgleichung für das mechanische System nach Bild 4.9, wobei $x_e(t)$ die Erregung und $x_a(t)$ die Antwort sein soll.

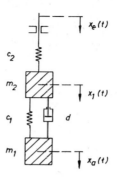

Bild 4.9

Lösung:

Betrachtet man das Kräftegleichgewicht an den beiden Massen, so erhält man folgende Gleichungen:

$$m_1 \cdot \frac{d^2 x_a}{dt^2} - d \cdot \left(\frac{dx_1}{dt} - \frac{dx_a}{dt} \right) - c_1 \cdot (x_1 - x_a) = 0$$

$$m_2 \cdot \frac{d^2 x_1}{dt^2} + d \cdot \left(\frac{dx_1}{dt} - \frac{dx_a}{dt} \right) + c_1 \cdot (x_1 - x_a) - c_2 \cdot (x_e - x_1) = 0$$

Durch Umformen und Eliminieren der Größe x_1 erhält man die gesuchte Differentialgleichung:

$$m_1 m_2 \cdot \frac{d^4 x_a}{dt^4} + d \cdot (m_1 + m_2) \cdot \frac{d^3 x_a}{dt^3} + (m_1 c_1 + m_1 c_2 + m_2 c_1) \cdot \frac{d^2 x_a}{dt^2} +$$

$$+ c_2 d \cdot \frac{dx_a}{dt} + c_1 c_2 x_a = c_2 d \cdot \frac{dx_e}{dt} + c_1 c_2 x_e$$

4.6 Geben Sie die Differentialgleichung für das mechanische System nach Bild 4.10 an, wobei die Geschwindigkeit v_2 der Masse m_2 in Abhängigkeit von der erregenden Kraft K gesucht ist, wenn kleine Auslenkungen betrachtet werden.

Lösung:

Es wird das Kräftegleichgewicht an den Einzelelementen aufgestellt:

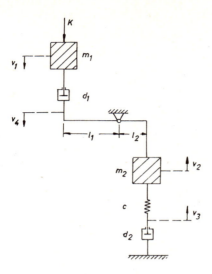

Bild 4.10

$$K = K_{m1} + K_{d1}$$

$$K = m_1 \cdot \frac{dv_1}{dt} + d_1 \cdot (v_1 - v_4)$$

Auf den Hebel wirkt links die Kraft $K_1 = K_{d1}$. Dann gilt für K_2, die rechts am Hebel angreifende Kraft:

$$K_2 = \frac{l_1}{l_2} \cdot K_1 = \frac{l_1}{l_2} \cdot K_{d1} = \lambda \cdot K_{d1}$$

$$K_2 = K_{m2} + K_c$$

$$\lambda \cdot K_{d1} = m_2 \cdot \frac{dv_2}{dt} + c \int (v_2 - v_3) \cdot dt$$

$$K_c = K_{d2} = d_2 \cdot v_3$$

Für die Winkelgeschwindigkeiten am Hebel gilt:

$$\frac{v_4}{l_1} = \frac{v_2}{l_2}$$

$$v_4 = \lambda \cdot v_2$$

Durch Umformen und Eliminieren der Hilfsgrößen v_1, v_3 und v_4

erhält man die gesuchte Differentialgleichung:

$$d_2 m_1 m_2 \cdot \frac{d^3 v_2}{dt^3} + (cm_1 m_2 + d_1 d_2 m_2 + \lambda^2 d_1 d_2 m_1) \cdot \frac{d^2 v_2}{dt^2} +$$

$$+ (cd_1 m_2 + cd_2 m_1 + \lambda^2 cd_1 m_1) \cdot \frac{dv_2}{dt} + cd_1 d_2 \cdot v_2 =$$

$$= \lambda d_1 d_2 \cdot \frac{dK}{dt} + \lambda cd_1 \cdot K$$

4.7 Gegeben ist das mechanische System nach Bild 4.11. Geben Sie die Differentialgleichung für das System an mit dem Winkel α als Ausgangsgröße und der Kraft K, die sich sinusförmig ändert, als Eingangsgröße.

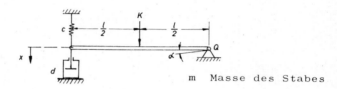

m   Masse des Stabes

Bild 4.11

Lösung:

Man stellt die Gleichung für das Momentengleichgewicht um den Drehpunkt Q auf:

$$O = K \cdot \frac{1}{2} - M_{St} - M_d - M_c \qquad (1)$$

Für kleine Auslenkungen gilt: $x = 1 \cdot \alpha$

Moment des Stabes:
$$M_{St} = J_{St} \cdot \frac{d^2 \alpha}{dt^2} = \frac{m \cdot 1^2}{3} \cdot \frac{d^2 \alpha}{dt^2}$$

Moment der Dämpfungskraft:
$$M_d = (d \cdot 1 \cdot \frac{d\alpha}{dt}) \cdot 1 = d \cdot 1^2 \cdot \frac{d\alpha}{dt}$$

Moment der Feder:
$$M_c = (c \cdot 1 \cdot \alpha) \cdot 1 = c \cdot 1^2 \cdot \alpha$$

Setzt man dies in die Gleichung (1) ein und berücksichtigt, daß $K = |K| \cdot \sin \omega t$ ist, so erhält man:

$$\frac{m \cdot 1^2}{3} \cdot \frac{d^2 \alpha}{dt^2} + d \cdot 1^2 \cdot \frac{d\alpha}{dt} + c \cdot 1^2 \cdot \alpha = |K| \cdot \frac{1}{2} \cdot \sin \omega t$$

4.8 Ein Gleichstromnebenschlußmotor mit konstanter Erregung treibt über eine elastische Welle eine Last mit dem Trägheitsmoment J_L an (Bild 4.12). Das Trägheitsmoment des Motorankers sei J_A. Die Federkonstante der Welle sei c_r. Geben Sie die Differentialgleichung für die Winkelgeschwindigkeit ω_2 in Abhängigkeit von der Spannung u an.

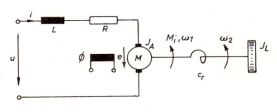

Bild 4.12

Lösung:

Man stellt zuerst die elektrischen und mechanischen Gleichungen des Systems auf.

Ankerkreis:
$$u = L \cdot \frac{di}{dt} + R \cdot i + e$$

Motor-EMK:
$$e = k \cdot \omega_1 \cdot \phi = k_M \cdot \omega_1$$

$$k = \frac{2p}{2a} \cdot \frac{Z}{2\pi}$$

    2p   Polzahl

    2a   Zahl paralleler Ankerzweige

    Z   gesamte Leiterzahl am Umfang

Motordrehmoment:
$$M_i = k \cdot i \cdot \phi = k_M \cdot i$$

Drehbewegung:
$$J_A \cdot \frac{d\omega}{dt} = M_i - M_W$$

Welle:
$$M_W = c_r \int (\omega_1 - \omega_2) \, dt$$

Last:
$$M_L = J_L \cdot \frac{d\omega_2}{dt} = M_W$$

Durch Eliminieren der unbekannten Größen erhält man die gesuchte Differentialgleichung:

$$\frac{L \cdot J_A \cdot J_L}{k_M \cdot c_r} \cdot \frac{d^4 \omega_2}{dt^4} + \frac{R \cdot J_A \cdot J_L}{k_M \cdot c_r} \cdot \frac{d^3 \omega_2}{dt^3} + \left[\frac{L(J_A + J_L)}{k_M} + \frac{k_M J_L}{c_r} \right] \cdot \frac{d^2 \omega_2}{dt^2} +$$

$$+ \frac{R(J_A + J_L)}{k_M} \cdot \frac{d\omega_2}{dt} + k_M \cdot \omega_2 = u$$

4.9 Gegeben ist eine Verstärkerstufe nach Bild 4.13. Dabei hat
die Röhre die Daten R_i = 500 kΩ, S = 2 mA/V und eine Anoden-
Kathoden-Kapazität C_A = 4 pF; die Gitter-Kathoden-Kapazität C_E
der nachfolgenden Stufe beträgt 8 pF. Gesucht ist die Differentialgleichung für die Gitterspannung u_a der folgenden Stufe,
wenn u_e als Erregung betrachtet wird. Zahlenwerte: R_a = 30 kΩ;
R_g = 1 MΩ; C_K = 3 nF.

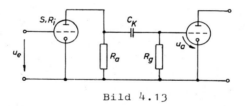

Bild 4.13

Lösung:

Das Ersatzschaltbild der Verstärkerstufe zeigt Bild 4.14.

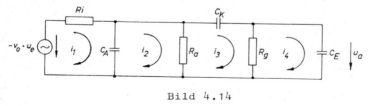

Bild 4.14

Es werden die Maschengleichungen aufgestellt:

$$-v_o u_e = R_i i_1 + \frac{1}{C_A} \int i_1 dt - \frac{1}{C_A} \int i_2 dt$$

$$0 = \frac{1}{C_A} \int i_2 dt + R_a i_2 - \frac{1}{C_A} \int i_1 dt - R_a i_3$$

$$0 = R_a i_3 + \frac{1}{C_K} \int i_3 dt + R_g i_3 - R_a i_2 - R_g i_4$$

$$0 = R_g i_4 + \frac{1}{C_E} \int i_4 dt - R_g i_3$$

$$u_a = \frac{1}{C_E} \int i_4 dt$$

$$v_o = S \cdot R_i$$

Durch Differenzieren und Eliminieren aller nicht interessieren-
den Größen erhält man die Differentialgleichung:

$$R_a R_i R_g \cdot (C_A C_K + C_A C_E + C_E C_K) \cdot \frac{d^2 u_a}{dt^2} + (C_A R_i R_a + C_K R_i R_a + C_K R_i R_g +$$

$$+ C_K R_a R_g + C_E R_i R_g + C_E R_g R_a) \cdot \frac{du_a}{dt} + (R_i + R_a) \cdot u_a = -v_o C_K R_a R_g \cdot \frac{du_e}{dt}$$

Führt man die Zahlenwerte ein, so erhält man als Lösung:

$$5,4 \cdot 10^{-4} \cdot \frac{d^2 u_a}{dt^2} + 1,64 \cdot 10^3 \cdot \frac{du_a}{dt} + 5,3 \cdot 10^5 \cdot u_a = -9 \cdot 10^4 \cdot \frac{du_e}{dt}.$$

4.10 Geben Sie allgemein die Differentialgleichung für den Zei-
gerausschlag α eines Drehspulinstruments an in Abhängigkeit von
dem das Meßwerk durchfließenden Strom i.

Lösung:

Die vom Strom durchflossene Drehspule von der Breite b, der Hö-
he h und der Windungszahl w entwickelt in einem Magnetfeld der
Stärke B das Auslenkmoment M_A:

$$M_A = w \cdot b \cdot h \cdot B \cdot i \qquad (1)$$

Diesem Auslenkmoment M_A wirken entgegen das Drehmoment M_T infolge der Trägheit des beweglichen Organs, das Drehmoment M_D infolge der Dämpfung und das Rückstellmoment M_R der Feder. Zwischen
dem Auslenkmoment und den rücktreibenden Momenten herrscht
Gleichgewicht.

$$M_A = M_T + M_D + M_R \qquad (2)$$

Das Drehmoment infolge der Trägheit ist proportional der Winkelbeschleunigung:

$$M_T = J \cdot \frac{d^2\alpha}{dt^2} \qquad (3)$$

Ein Drehmoment infolge der Dämpfung entsteht durch Drehung der stromdurchflossenen Spule im permanenten Magnetfeld. Dabei wird eine EMK e erzeugt, die der Winkelgeschwindigkeit proportional ist. Diese EMK ruft einen Strom i_G in der Spule hervor, der dem Spulenstrom und damit dem von ihm erzeugten Auslenkmoment entgegenwirkt. Der Widerstand des Kreises, den der in der Spule erzeugte Strom durchfließt, wird mit R bezeichnet.

$$e = w \cdot b \cdot h \cdot B \cdot \frac{d\alpha}{dt}$$

$$i_G = \frac{e}{R}$$

$$M_D = w \cdot b \cdot h \cdot B \cdot i_G = \frac{(w \cdot b \cdot h \cdot B)^2}{R} \cdot \frac{d\alpha}{dt} \qquad (4)$$

Das rücktreibende Moment der Feder ist proportional dem Ausschlag:

$$M_R = c_r \cdot \alpha$$

Dabei läßt sich die Konstante c_r aus der Gleichgewichtsbedingung für den eingeschwungenen Zustand berechnen. Wird nämlich das Meßwerk vom Maximalstrom i_{max} durchflossen, so stellt sich der Zeiger für $t \rightarrow \infty$ auf den Endausschlag α_{max} ein. Auslenkendes Moment des Stromes und Rückstellmoment der Feder müssen sich also für $t \rightarrow \infty$ das Gleichgewicht halten:

$$M_{A\,max} = M_{R\,max}$$

$$w \cdot b \cdot h \cdot B \cdot i_{max} = c_r \cdot \alpha_{max}$$

So ist:
$$c_r = \frac{w \cdot b \cdot h \cdot B \cdot i_{max}}{\alpha_{max}}$$

und:
$$M_R = \frac{w \cdot b \cdot h \cdot B \cdot i_{max}}{\alpha_{max}} \cdot \alpha \qquad (5)$$

Setzt man die Gleichungen (1), (3), (4) und (5) in Gleichung (2) ein, so erhält man die gewünschte Differentialgleichung:

$$J \cdot \frac{d^2\alpha}{dt^2} + \frac{(w \cdot b \cdot h \cdot B)^2}{R} \cdot \frac{d\alpha}{dt} + \frac{w \cdot b \cdot h \cdot B \cdot i_{max}}{\alpha_{max}} \cdot \alpha = w \cdot b \cdot h \cdot B \cdot i$$

4.11 Gegeben sind die folgenden Differentialgleichungen:

a) $\dfrac{d^3x_a}{dt^3} + 3\cdot\dfrac{d^2x_a}{dt^2} + \dfrac{dx_a}{dt} + 3\cdot x_a = 17\cdot\dfrac{d^2x_e}{dt^2}$

b) $\dfrac{d^3x_a}{dt^3} + 2\cdot\dfrac{d^2x_a}{dt^2} + 5\cdot\dfrac{dx_a}{dt} - 26\cdot x_a = \dfrac{d^3x_e}{dt^3} + 2\cdot x_e$

c) $\dfrac{d^3x_a}{dt^3} + 3\cdot\dfrac{d^2x_a}{dt^2} - 6\cdot\dfrac{dx_a}{dt} - 8\cdot x_a = \dfrac{dx_e}{dt} + 3\cdot x_e$

d) $\dfrac{d^3x_a}{dt^3} + 7\cdot\dfrac{d^2x_a}{dt^2} + 19\cdot\dfrac{dx_a}{dt} + 13\cdot x_a = \cdot x_e$

Geben Sie zu jeder Differentialgleichung die charakteristische Gleichung an und bestimmen Sie deren Wurzeln. Sind die einzelnen Systeme stabil?

Lösung:

a) charakt. Gleichung: $s^3 + 3\cdot s^2 + s + 3 = 0$

   Wurzeln: $s_1 = -3;\quad s_{2,3} = \pm j$

   Auslaufvorgang: instabil (oszillatorisch)

b) charakt. Gleichung: $s^3 + 2\cdot s^2 + 5\cdot s - 26 = 0$

   Wurzeln: $s_1 = 2;\quad s_{2,3} = -2 \pm j3$

   Auslaufvorgang: instabil

c) charakt. Gleichung: $s^3 + 3\cdot s^2 - 6\cdot s - 8 = 0$

   Wurzeln: $s_1 = -1;\quad s_2 = 2;\quad s_3 = -4$

   Auslaufvorgang: instabil

d) charakt. Gleichung: $s^3 + 7\cdot s^2 + 19\cdot s + 13 = 0$

   Wurzeln: $s_1 = -1;\quad s_{2,3} = -3 \pm j2$

   Auslaufvorgang: stabil .

4.12 Ein Regelsystem hat folgende Pole:

$$s_1 = -1; \qquad s_{2,3} = -2 \pm j2 \qquad (\omega \text{ in min}^{-1}),$$

jedoch keine Nullstellen.

a) Skizzieren Sie die Lage der Pole in der s-Ebene.

b) Kann das Regelsystem verwendet werden, wenn die Bedingungen erfüllt werden sollen, daß alle Exponentialfunktionen schneller als $e^{-1,5 \cdot t}$ abklingen (absolute Stabilitätsreserve) und daß der Dämpfungsgrad aller harmonischen Schwingungen mindestens 0,5 ist (relative Stabilitätsreserve)?

c) Wie groß ist die Zeitkonstante T_{ap} des aperiodischen Anteils?

d) Wie groß sind Eigenschwingungsdauer τ des periodischen Anteils und Zeitkonstante T der Hüllkurven?

e) Nach wieviel Minuten ist der gesamte Auslaufvorgang praktisch abgeklungen?

Lösung:

a)

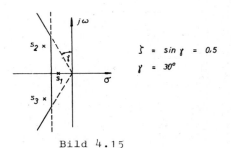

$$\zeta = \sin \gamma = 0,5$$
$$\gamma = 30°$$

Bild 4.15

b) Das Regelsystem kann nicht verwendet werden, da nach Bild 4.15 die Wurzel s_1 die absolute Stabilitätsreserve nicht einhält.

c)
$$T_{ap} = \left| \frac{1}{\sigma_1} \right| = 1,0 \quad \text{min}$$

d)
$$\tau = \frac{2\pi}{\omega_2} = 3,14 \quad \text{min}$$

$$T = \left| \frac{1}{\sigma_2} \right| = 0,5 \quad \text{min}$$

e) Der aperiodische Anteil ist nach $4 \cdot T_{ap} = 4$ min, der periodische Anteil nach $4 \cdot T = 2$ min auf rund 2 % des Anfangwertes abgesunken, so daß der gesamte Auslaufvorgang nach etwa 4 min als abgeklungen angesehen werden kann.

5. Die einseitige Laplace-Transformation

Als Laplace-Integral wird definiert:

$$F(s) = \int_0^\infty f(t) \cdot e^{-st} \, dt = L\{f(t)\}$$

$F(s)$ stellt die einseitige Laplace-Transformierte der Zeitfunktion $f(t)$ dar.

Die Rücktransformation liefert das Umkehrintegral:

$$f(t) = \frac{1}{2\pi j} \int_{c-j\infty}^{c+j\infty} F(s) \cdot e^{st} \, ds = L^{-1}\{F(s)\} \quad \text{für } t > 0$$

Für negative t ist $f(t) = 0$.

In Tabelle 5.1 auf Seite 90 sind die wichtigsten Rechenregeln für die Laplace-Transformation zusammengestellt. Nähere Einzelheiten (Ableitung, physikalische Deutung usw.) möge der Leser dem entsprechenden Schrifttum entnehmen [3].

Mit Hilfe der Grenzwertsätze:

Anfangswerttheorem: $\quad f(+0) = \lim\limits_{s \to \infty} s \cdot F(s)$

Endwerttheorem: $\qquad f(\infty) = \lim\limits_{s \to 0} s \cdot F(s)$

läßt sich aus der Funktion im Frequenzbereich (Bildfunktion) das Verhalten der Funktion im Zeitbereich (Originalfunktion) für $t \to 0$ und $t \to \infty$ angeben. Es ist aber notwendig, darauf zu achten, daß die Grenzwerte

$$\lim_{t \to 0} f(t) = f(+0)$$

und $\qquad \lim\limits_{t \to \infty} f(t) = f(\infty)$

existieren.

In der Tabelle 5.2 auf Seite 91 sind einige Korrespondenzen zwischen der Original- und der Bildfunktion angegeben. Wünscht man die Originalfunktion aus der Bildfunktion zu erhalten, so wendet man in den meisten Fällen nicht das Umkehrintegral an, sondern versucht, die Bildfunktion durch Umformung aus möglichst einfachen Ausdrücken aufzubauen. Für diese einfachen Ausdrücke entnimmt man die zugehörigen Zeitfunktionen aus der Korrespondenztabelle.

Tabelle 5.1   Rechenregeln für die Laplace-Transformation

Satz	Originalfunktion	Bildfunktion
Linearitätssatz	$K \cdot f(t)$	$K \cdot F(s)$
	$f_1(t) + f_2(t)$	$F_1(s) + F_2(s)$
Ähnlichkeitssatz	$f(at) \qquad a > 0$	$\frac{1}{a} \cdot F\left(\frac{s}{a}\right)$
1. Verschiebungssatz	$f(t-a) \qquad t > a \geqq 0$	$e^{-as} \cdot F(s)$
2. Verschiebungssatz	$f(t+a)$	$e^{as} \cdot \left[F(s) - \int_0^a f(t) \cdot e^{-st}\, dt\right]$
Dämpfungssatz	$e^{-at} \cdot f(t)$	$F(s+a)$
Differentiationssatz für die Originalfunktion	$f^{(n)}(t)$	$s^n \cdot F(s) - s^{n-1} \cdot f(+0) - s^{n-2} \cdot f'(+0) - \cdots - s \cdot f^{(n-2)}(+0) - f^{(n-1)}(+0)$
Differentiationssatz für die Bildfunktion	$(-1)^n \cdot t^n \cdot f(t)$	$F^{(n)}(s)$
Integrationssatz für die Originalfunktion	$\int_0^t f(\tau)\, d\tau$	$\frac{1}{s} \cdot F(s)$
Integrationssatz für die Bildfunktion	$\frac{f(t)}{t}$	$\int_s^\infty F(\varrho)\, d\varrho$
Faltungssatz für die Originalfunktion	$f_1(t) * f_2(t) = \int_0^t f_1(\tau) \cdot f_2(t-\tau)\, d\tau$	$F_1(s) \cdot F_2(s)$
Faltungssatz für die Bildfunktion	$f_1(t) \cdot f_2(t)$	$F_1(s) * F_2(s) = \frac{1}{2\pi j} \int_{c-j\infty}^{c+j\infty} F_1(\varrho) \cdot F_2(s-\varrho)\, d\varrho$

Tabelle 5.2   Korrespondenzen

F(s)	f(t)	F(s)	f(t)
1	$\delta(t)$	$\dfrac{s}{s^2 + a^2}$	$\cos at$
$\dfrac{1}{s}$	$1(t)$	$\dfrac{s}{s^2 - a^2}$	$\cosh at$
$\dfrac{1}{s^2}$	t	$\dfrac{1}{s^2 + 2\zeta\omega_n s + \omega_n^2}$ $\zeta^2 < 1$	$\dfrac{1}{\omega_n\sqrt{1-\zeta^2}} \cdot e^{-\zeta\omega_n t} \cdot \sin(\omega_n\sqrt{1-\zeta^2}\,t)$
$\dfrac{1}{s^n}$	$\dfrac{1}{(n-1)!} \cdot t^{n-1}$		
$\dfrac{1}{s+a}$	e^{-at}	$\dfrac{s}{s^2 + 2\zeta\omega_n s + \omega_n^2}$ $\zeta^2 < 1$	$\dfrac{1}{\sqrt{1-\zeta^2}} \cdot e^{-\zeta\omega_n t} \cdot \sin(\omega_n\sqrt{1-\zeta^2}\,t + \varphi)$ $\varphi = \arctan \dfrac{\sqrt{1-\zeta^2}}{-\zeta}$
$\dfrac{1}{(s+a)^2}$	$t \cdot e^{-at}$		
$\dfrac{1}{(s+a)^n}$	$\dfrac{t^{n-1}}{(n-1)!} \cdot e^{-at}$		
$\dfrac{1}{s^2 + a^2}$	$\dfrac{1}{a} \cdot \sin at$		
$\dfrac{1}{s^2 - a^2}$	$\dfrac{1}{a} \cdot \sinh at$		

5.1 Geben Sie zu den folgenden Originalfunktionen die zugehörigen Bildfunktionen an!

a) $f(t) = 1 - e^{-\frac{t}{a}}$

Lösung:

$$F(s) = \frac{1}{s} - \frac{1}{s + \frac{1}{a}} = \frac{1}{s \cdot (1 + as)}$$

b) $f(t) = 3 \cdot \sin 2t + \cos 5t$

Lösung:

$$F(s) = 3 \cdot \frac{2}{s^2 + 4} + \frac{s}{s^2 + 25} = \frac{s^3 + 6 \cdot s^2 + 4 \cdot s + 150}{s^4 + 29 \cdot s^2 + 100}$$

c) $f(t) = \frac{1}{2} \cdot (e^{-3t} - e^{-5t})$

Lösung:

$$F(s) = \frac{1}{2} \cdot \frac{1}{s + 3} - \frac{1}{2} \cdot \frac{1}{s + 5} = \frac{1}{(s + 3) \cdot (s + 5)}$$

d) $f(t) = 4 \cdot e^{-7t} \cdot \cos 2t + 2 \cdot e^{-t} \cdot \sin 2t$

Lösung:

$$F(s) = 4 \cdot \frac{s + 7}{(s + 7)^2 + 4} + 2 \cdot \frac{2}{(s + 1)^2 + 4} =$$

$$= \frac{4 \cdot s^3 + 40 \cdot s^2 + 132 \cdot s + 352}{s^4 + 16 \cdot s^3 + 86 \cdot s^2 + 176 \cdot s + 265}$$

e) $f(t) = \frac{1}{4} \cdot (e^{-2t} + 2t - 1)$

Lösung:

$$F(s) = \frac{1}{4} \cdot \left(\frac{1}{s + 2} + \frac{2}{s^2} - \frac{1}{s} \right) = \frac{4}{s^2 \cdot (s + 2)}$$

5.2 Geben Sie für folgende einmalige Vorgänge im Zeitbereich die

Laplace-Transformierte an!

a)

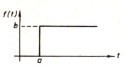

$$f(t) = 0 \qquad \text{für } -\infty < t < a$$
$$f(t) = b \qquad \text{für } \qquad t > a$$

Bild 5.1

Lösung:

$$F(s) = \frac{b}{s} \cdot e^{-as}$$

b)

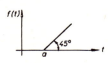

$$f(t) = 0 \qquad \text{für } -\infty < t < a$$
$$f(t) = t-a \qquad \text{für } \qquad t > a$$

Bild 5.2

Lösung:

$$F(s) = \frac{1}{s^2} \cdot e^{-as}$$

c)

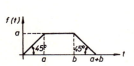

$$f(t) = 0 \qquad \text{für } -\infty < t < 0$$
$$f(t) = t \qquad \text{für } \quad 0 < t < a$$
$$f(t) = a \qquad \text{für } \quad a < t < b$$
$$f(t) = a+b-t \qquad \text{für } b < t < a+b$$
$$f(t) = 0 \qquad \text{für } \qquad t > a+b$$

Bild 5.3

Lösung:

Die Lösung setzt sich aus den Einzelvorgängen nach Bild 5.4 zusammen.

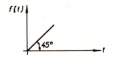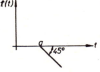

Bild 5.4

$$F(s) = \frac{1}{s^2} - \frac{1}{s^2} \cdot e^{-as} - \frac{1}{s^2} \cdot e^{-bs} + \frac{1}{s^2} \cdot e^{-(a+b)s}$$

$$F(s) = \frac{(1 - e^{-as}) \cdot (1 - e^{-bs})}{s^2}$$

d)

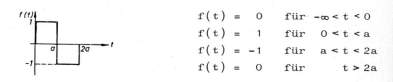

$$f(t) = 0 \quad \text{für} \quad -\infty < t < 0$$
$$f(t) = 1 \quad \text{für} \quad 0 < t < a$$
$$f(t) = -1 \quad \text{für} \quad a < t < 2a$$
$$f(t) = 0 \quad \text{für} \quad t > 2a$$

Bild 5.5

Lösung:

Die Lösung setzt sich aus drei Sprüngen zusammen. Es ist also:

$$F(s) = \frac{1}{s} - \frac{2}{s} \cdot e^{-as} + \frac{1}{s} \cdot e^{-2as}$$

$$F(s) = \frac{(1 - e^{-as})^2}{s}$$

5.3 Geben Sie für die folgenden periodischen Vorgänge im Zeitbereich die Laplace-Transformierte an!

a)

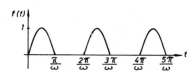

Bild 5.6

$$f(t) = \sin \omega t \quad \text{für} \quad \frac{2 \cdot n \pi}{\omega} < t < \frac{(2 \cdot n + 1)\pi}{\omega}$$

$$f(t) = 0 \quad \text{für} \quad \frac{(2 \cdot n + 1)\pi}{\omega} < t < \frac{(2 \cdot n + 2)\pi}{\omega}$$

$$n = 0, 1, 2 \ldots$$

Lösung:

$$F(s) = \frac{\omega}{s^2 + \omega^2} \cdot (1 + e^{-\frac{\pi}{\omega} \cdot s} + e^{-\frac{2\pi}{\omega} \cdot s} + e^{-\frac{3\pi}{\omega} \cdot s} + e^{-\frac{4\pi}{\omega} \cdot s} \ldots)$$

$$F(s) = \frac{\omega}{s^2 + \omega^2} \cdot \frac{1}{1 - e^{-\frac{\pi}{\omega} \cdot s}}$$

b)

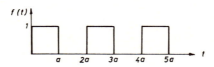

Bild 5.7

$f(t) = 1$ für $\quad 2 \cdot n \cdot a < t < (2 \cdot n + 1) \cdot a$

$f(t) = 0$ für $(2 \cdot n + 1) \cdot a < t < (2 \cdot n + 2) \cdot a$

$\qquad n = 0, 1, 2 \ldots$

Lösung:

$$F(s) = \frac{1}{s} - \frac{1}{s} \cdot e^{-as} + \frac{1}{s} \cdot e^{-2as} - \frac{1}{s} \cdot e^{-3as} \ldots$$

$$F(s) = \frac{1}{s} \cdot \frac{1}{1 + e^{-as}}$$

c)

Bild 5.8

$f(t) = \frac{t}{a} - n \qquad$ für $n \cdot a < t < (n + 1) \cdot a$

$\qquad n = 0, 1, 2 \ldots$

Lösung:

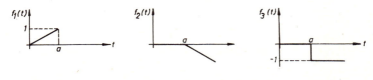

Bild 5.9

Der Sägezahnverlauf nach Bild 5.8 kann aus den Teilverläufen nach Bild 5.9 zusammengesetzt werden.

$$L\left\{f_1(t)\right\} = \frac{1}{a \cdot s^2}; \quad L\left\{f_2(t)\right\} = -\frac{1}{a \cdot s^2} \cdot e^{-as}; \quad L\left\{f_3(t)\right\} = -\frac{1}{s} \cdot e^{-as}$$

Für den periodischen Verlauf erhält man daher:

$$F(s) = (\frac{1}{a \cdot s^2} - \frac{1}{a \cdot s^2} \cdot e^{-as} - \frac{1}{s} \cdot e^{-as}) \cdot (1 + e^{-as} + e^{-2as} + e^{-3as} \ldots)$$

$$F(s) = \frac{1 + a \cdot s - e^{as}}{a \cdot s^2 \cdot (1 - e^{as})}$$

d)

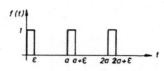

Bild 5.10

$$f(t) = 1 \quad \text{für} \quad n \cdot a < t < n \cdot (a + \varepsilon)$$
$$f(t) = 0 \quad \text{für} \quad n \cdot (a + \varepsilon) < t < (n + 1) \cdot a$$

$$\varepsilon > 0; \quad n = 0, 1, 2 \ldots$$

Lösung:

$$F(s) = (\frac{1}{s} - \frac{1}{s} \cdot e^{-\varepsilon s}) \cdot (1 + e^{-as} + e^{-2as} + e^{-3as} \ldots)$$

$$F(s) = \frac{1 - e^{-\varepsilon s}}{s \cdot (1 - e^{-as})}$$

5.4 Bestimmen Sie zu den folgenden Bildfunktionen die Originalfunktionen.

a) $\quad F(s) = \frac{5 + 6 \cdot s}{s^2}$

b) $\quad F(s) = \frac{1}{s \cdot (1 + 3 \cdot s)}$

c) $\quad F(s) = \frac{2 + 4 \cdot s}{s^2 + 9}$

d) $\quad F(s) = \frac{2 + 3 \cdot s}{s \cdot (s + 4)}$

e) $F(s) = \dfrac{1 + 3 \cdot s}{(s + 2) \cdot (s + 4)}$

f) $F(s) = \dfrac{1}{s^2 + 4 \cdot s + 7}$

g) $F(s) = \dfrac{s}{(s + 4)^3}$

h) $F(s) = \dfrac{s^2 + 3 \cdot s + 2}{(s + 1) \cdot (s + 2)^3 \cdot (s + 4)}$

i) $F(s) = \dfrac{3 \cdot s}{s^3 + 5 \cdot s^2 + 9 \cdot s + 5}$

Lösung:

Durch Partialbruchzerlegung der Bildfunktion erhält man leicht-rücktransformierbare Ausdrücke.

Enthält die Übertragungsfunktion nur reelle Einfachpole, so lautet der Ansatz für die Partialbruchzerlegung:

$$F(s) = \frac{Z(s)}{N(s)} = \frac{R_1}{s - s_1} + \frac{R_2}{s - s_2} + \dots + \frac{R_n}{s - s_n} + R_{n+1} \qquad (1)$$

R_i sind die Residuen. Sie werden bestimmt nach folgender Gleichung:

$$R_i = \frac{Z(s_i)}{\frac{d}{ds} N(s_i)} \qquad (2)$$

Das Residuum R_{n+1} gibt das Verhalten der Funktion im Unendlichen wieder und ist nur dann von Null verschieden, wenn der Grad des Zählers gleich (oder größer) dem Grad des Nenners ist.

$$R_{n+1} = \lim_{s \to \infty} F(s) \qquad (3)$$

Hat die Übertragungsfunktion an der Stelle s_k einen r-fachen Pol, so lautet die Partialbruchzerlegung für diesen Pol:

$$\frac{R_{k_r}}{(s - s_k)^r} + \frac{R_{k_{r-1}}}{(s - s_k)^{r-1}} + \dots + \frac{R_{k_1}}{s - s_k} \qquad (4)$$

R_{k_r} erhält man dadurch, daß man Gleichung (1) mit $(s - s_k)^r$ erweitert:

$$\frac{Z(s)}{(s-s_1)\cdot\ \ldots\ \cdot(s-s_{k-1})\cdot(s-s_{k+1})\cdot\ \ldots\ \cdot(s-s_n)} = R_1\cdot\frac{(s-s_k)^r}{s-s_1} + \ldots +$$

$$+ R_{k_r} + R_{k_{r-1}}\cdot(s-s_k) + \ldots + R_{k_1}\cdot(s-s_k)^{r-1} + \ldots +$$

$$+ R_n\cdot\frac{(s-s_k)^r}{s-s_n} + R_{n+1}\cdot(s-s_k)^r \qquad (5)$$

und $s = s_k$ setzt:

$$R_{k_r} = \frac{Z(s_k)}{(s_k-s_1)\cdot\ \ldots\ \cdot(s_k-s_{k-1})\cdot(s_k-s_{k+1})\cdot\ \ldots\ \cdot(s_k-s_n)} \qquad (6)$$

Die restlichen R_{k_i} mit $i = 1, 2, 3 \ldots r-1$ erhält man dadurch, daß man Gleichung (5) nach s wiederholt differenziert und danach $s = s_k$ setzt.

Hat die Übertragungsfunktion an der Stelle s_1 einen einfachen komplexen Pol $s_1 = \sigma + j\omega$, so ist auch $s_1^* = \sigma - j\omega$ ein Pol. Die Partialbruchzerlegung lautet dann:

$$\frac{P\cdot s + Q}{(s-\sigma)^2 + \omega^2} \qquad (7)$$

Durch Koeffizientenvergleich erhält man die gesuchten Größen P und Q.

Hat die Funktion an der Stelle $s_1 = \sigma \mathrel{\hat{=}} j\omega$ einen r-fachen komplexen Pol, so lautet der Ansatz:

$$\frac{P_{1r}\cdot s + Q_{1r}}{\left[(s-\sigma)^2 + \omega^2\right]^r} + \frac{P_{1r-1}\cdot s + Q_{1r-1}}{\left[(s-\sigma)^2 + \omega^2\right]^{r-1}} + \ldots + \frac{P_{11}\cdot s + Q_{11}}{(s-\sigma)^2 + \omega^2} \qquad (8)$$

Die Größen P_{1i} und Q_{1i} werden durch Koeffizientenvergleich bestimmt.

a) $\quad F(s) = \dfrac{5 + 6\cdot s}{s^2} = \dfrac{5}{s^2} + \dfrac{6}{s}$

$\quad f(t) = 5\cdot t + 6$

b) $\quad F(s) = \dfrac{1}{s\cdot(1 + 3\cdot s)} = \dfrac{R_1}{s} + \dfrac{R_2}{1 + 3\cdot s}$

$\quad R_1 = 1; \qquad R_2 = -3$

$$F(s) = \frac{1}{s} - \frac{3}{1 + 3 \cdot s}$$

$$f(t) = 1 - e^{-\frac{t}{3}}$$

c) $\quad F(s) = \dfrac{2 + 4 \cdot s}{s^2 + 9} = \dfrac{2}{s^2 + 9} + \dfrac{4 \cdot s}{s^2 + 9}$

$\quad f(t) = \dfrac{2}{3} \cdot \sin 3t + 4 \cdot \cos 3t$

d) $\quad F(s) = \dfrac{2 + 3 \cdot s}{s \cdot (s + 4)} = \dfrac{R_1}{s} + \dfrac{R_2}{s + 4}$

$\quad R_1 = \dfrac{1}{2}; \quad R_2 = \dfrac{5}{2}$

$\quad F(s) = \dfrac{1}{2} \cdot \dfrac{1}{s} + \dfrac{5}{2} \cdot \dfrac{1}{s + 4}$

$\quad f(t) = \dfrac{1}{2} + \dfrac{5}{2} \cdot e^{-4t}$

e) $\quad F(s) = \dfrac{1 + 3 \cdot s}{(s + 2) \cdot (s + 4)} = \dfrac{R_1}{s + 2} + \dfrac{R_2}{s + 4}$

$\quad R_1 = -\dfrac{5}{2}; \quad R_2 = \dfrac{11}{2}$

$\quad F(s) = -\dfrac{5}{2} \cdot \dfrac{1}{s + 2} + \dfrac{11}{2} \cdot \dfrac{1}{s + 4}$

$\quad f(t) = -\dfrac{5}{2} \cdot e^{-2t} + \dfrac{11}{2} \cdot e^{-4t}$

f) $\quad F(s) = \dfrac{1}{s^2 + 4 \cdot s + 7} = \dfrac{1}{(s + 2)^2 + 3}$

$\quad f(t) = \dfrac{1}{\sqrt{3}} \cdot e^{-2t} \cdot \sin \sqrt{3}t \qquad$ (Dämpfungssatz!)

g) $\quad F(s) = \dfrac{s}{(s + 4)^3} = \dfrac{R_{13}}{(s + 4)^3} + \dfrac{R_{12}}{(s + 4)^2} + \dfrac{R_1}{s + 4}$

$\quad R_{13} = -4; \quad R_{12} = 1; \quad R_1 = 0$

$$F(s) = - \frac{4}{(s + 4)^3} + \frac{1}{(s + 4)^2}$$

$$f(t) = - \frac{4}{2} \cdot t^2 \cdot e^{-4t} + t \cdot e^{-4t} = t \cdot e^{-4t} \cdot (1 - 2 \cdot t)$$

h) $\quad F(s) = \dfrac{s^2 + 3 \cdot s + 3}{(s + 1) \cdot (s + 2)^3 \cdot (s + 4)}$

$$F(s) = \frac{R_1}{s + 1} + \frac{R_{23}}{(s + 2)^3} + \frac{R_{22}}{(s + 2)^2} + \frac{R_{21}}{s + 2} + \frac{R_3}{s + 4} + R_4$$

$$R_1 = \frac{Z(s=-1)}{\frac{d}{ds} N(s=-1)} = \frac{1 - 3 + 3}{(- 1 + 2)^3 \cdot (- 1 + 4)} = \frac{1}{3}$$

$$R_3 = \frac{Z(s=-4)}{\frac{d}{ds} N(s=-4)} = \frac{16 - 12 + 3}{(- 4 + 1) \cdot (- 4 + 2)^3} = \frac{7}{24}$$

$$R_4 = \lim_{s \to \infty} F(s) = 0$$

Um R_{23} zu erhalten, erweitert man den Ansatz für die Partialbruchzerlegung mit $(s + 2)^3$ und setzt dann s = - 2.

$$\frac{s^2 + 3 \cdot s + 3}{(s + 1) \cdot (s + 4)} = R_1 \cdot \frac{(s + 2)^3}{s + 1} + R_{23} + R_{22} \cdot (s + 2) +$$

$$+ R_{21} \cdot (s + 2)^2 + R_3 \cdot \frac{(s + 2)^3}{s + 4} \qquad (1)$$

$$R_{23} = \frac{4 - 6 + 3}{(- 2 + 1) \cdot (- 2 + 4)} = - \frac{1}{2}$$

Differenziert man Gleichung (1) nach s und setzt s = - 2, so erhält man R_{22}:

$$R_{22} = \frac{1}{4}$$

Differenziert man ein zweites Mal und setzt s = - 2, so ergibt sich R_{21}:

$$R_{21} = - \frac{5}{8}$$

Damit sind die Koeffizienten gefunden.

$$F(s) = \frac{1}{3 \cdot (s+1)} - \frac{1}{2 \cdot (s+2)^3} + \frac{1}{4 \cdot (s+2)^2} - \frac{5}{8 \cdot (s+2)} + \frac{7}{24 \cdot (s+4)}$$

Mit Hilfe der Korrespondenztabelle läßt sich die Originalfunktion angeben:

$$f(t) = \frac{1}{3} \cdot e^{-t} - \frac{1}{4} \cdot t^2 \cdot e^{-2t} + \frac{1}{4} \cdot t \cdot e^{-2t} - \frac{5}{8} \cdot e^{-2t} + \frac{7}{24} \cdot e^{-4t}$$

i) $$F(s) = \frac{3 \cdot s}{s^3 + 5 \cdot s^2 + 9 \cdot s + 5}$$

Zuerst müssen die Pole der Übertragungsfunktion bestimmt werden:

$$s^3 + 5 \cdot s^2 + 9 \cdot s + 5 = 0$$

Die Wurzeln sind dann:

$$s_1 = -1; \qquad s_{2,3} = -2 \pm j$$

Der Ansatz für die Partialbruchzerlegung lautet also:

$$F(s) = \frac{R_1}{s + 1} + \frac{P \cdot s + Q}{(s + 2)^2 + 1} + R_3$$

$$R_3 = \lim_{s \to \infty} F(s) = 0$$

Durch Koeffizientenvergleich erhält man die Bestimmungsgleichungen:

$$s^2: \qquad R_1 + P = 0$$

$$s^1: \qquad Q + P + 4 \cdot R_1 = 3$$

$$s^0: \qquad Q + 5 \cdot R_1 = 0$$

Daraus erhält man:

$$R_1 = -\frac{3}{2}; \qquad P = \frac{3}{2}; \qquad Q = \frac{15}{2}$$

Dann lautet die Bildfunktion:

$$F(s) = -\frac{3}{2} \cdot \frac{1}{s + 1} + \frac{3}{2} \cdot \frac{s + 5}{(s + 2)^2 + 1}$$

Als Originalfunktion erhält man mit Hilfe der Korrespondenztabelle:

$$f(t) = -\frac{3}{2} \cdot e^{-t} + \frac{15}{2} \cdot e^{-2t} \cdot \sin t + \frac{3\sqrt{5}}{2} \cdot e^{-2t} \cdot \sin(t + \varphi)$$

$$\varphi = \arctan(\frac{1}{-2}) = 180 - 26.6 = 153.4^{\circ}$$

5.5 Gegeben ist die Übertragungsfunktion eines Regelkreisgliedes:

$$F(s) = \frac{8}{s + 2}$$

Berechnen und zeichnen Sie die Ausgangsgröße a(t), wenn als Eingangsgröße eine

a) Nadelfunktion
b) Sprungfunktion
c) Rampenfunktion

aufgeschaltet wird.

Lösung:

Für die Antwort im Frequenzbereich gilt:

$$A(s) = F(s) \cdot E(s)$$

Man bildet also im Frequenzbereich das Produkt von Übertragungsfunktion und Erregung und findet durch Rücktransformation den gesuchten Auslaufvorgang.

a) Nadelfunktion: $e(t) = \delta(t)$

$$A(s) = F(s) \cdot E(s)$$

$$A(s) = \frac{8}{s + 2} \cdot 1$$

$$a(t) = 8 \cdot e^{-2t}$$

b) Sprungfunktion: $e(t) = 1(t)$

$$A(s) = F(s) \cdot E(s)$$

$$A(s) = \frac{8}{s + 2} \cdot \frac{1}{s} = \frac{4}{s} - \frac{4}{s + 2}$$

$$a(t) = 4 - 4 \cdot e^{-2t} = 4 \cdot (1 - e^{-2t})$$

c) Rampenfunktion: $e(t) = t$

$$A(s) = F(s) \cdot E(s)$$

$$A(s) = \frac{8}{s + 2} \cdot \frac{1}{s^2} = \frac{2}{s + 2} + \frac{4}{s^2} - \frac{2}{s}$$

$$a(t) = 2 \cdot e^{-2t} + 4 \cdot t - 2 = 4\left[t - \frac{1}{2}(1 - e^{-2t})\right]$$

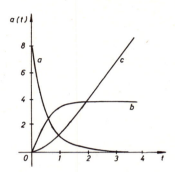

Bild 5.11

5.6 Gegeben ist ein Regelkreis bestehend aus einer Strecke mit der Übertragungsfunktion:

$$F_S(s) = \frac{1}{s^2 + 3 \cdot s + 3}$$

dem Regler mit der Übertragungsfunktion:

$$F_R(s) = \frac{s + 0,25}{s + 4}$$

und einer Rückführung mit einer reinen Verstärkung:

$$F_r(s) = 4.$$

Geben Sie den zeitlichen Verlauf für die Ausgangsgröße x(t) an, wenn die Führungsgröße w bei t = 0 einen Einheitssprung ausführt. Wie groß ist der stationäre Wert der Regelgröße?

Lösung:

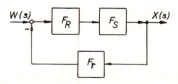

Bild 5.12

Die Übertragungsfunktion des geschlossenen Regelkreises lautet:

$$F(s) = \frac{F_R \cdot F_S}{1 + F_R \cdot F_S \cdot F_r} = \frac{s + 0,25}{s^3 + 7 \cdot s^2 + 19 \cdot s + 13}$$

Unter der Annahme, daß das System bis zur Zeit t = 0 in Ruhe war und daß also alle Anfangsbedingungen Null sind, ist es nicht notwendig, zuerst die Differentialgleichung aufzustellen und zu lösen. Man kann vielmehr in folgender Weise vorgehen. Die Ausgangsgröße X(s) im Frequenzbereich ergibt sich zu:

$$X(s) = F(s) \cdot W(s)$$

Nun ist w(t) = 1 und damit $W(s) = \frac{1}{s}$. So ist:

$$X(s) = \frac{s + 0,25}{s \cdot (s^3 + 7 \cdot s^2 + 19 \cdot s + 13)}$$

Transformiert man diese Gleichung zurück in den Zeitbereich, so hat man die gesuchte Lösung gefunden. Um leicht rücktransformierbare Ausdrücke zu erhalten, wird der Bruch in Partialbrüche zerlegt. Dazu ist es notwendig, die Nullstellen des Nenners zu ermitteln. Die Methoden hierfür sind in der einschlägigen Literatur angegeben [12].

Als Nullstellen erhält man:

$$s_1 = 0; \qquad s_2 = -1; \qquad s_{3,4} = -3 \pm j2$$

Damit lautet die Partialbruchzerlegung für X(s):

$$X(s) = \frac{s + 0,25}{s \cdot (s^3 + 7 \cdot s^2 + 19 \cdot s + 13)} = \frac{R_1}{s} + \frac{R_2}{s + 1} + \frac{P \cdot s + Q}{(s + 3)^2 + 2^2}$$

Durch Koeffizientenvergleich ergeben sich die Bestimmungsgleichungen:

$$s^3: \quad R_1 + R_2 + P = 0$$

$$s^2: \quad 7 \cdot R_1 + 6 \cdot R_2 + P + Q = 0$$

$$s^1: \quad 19 \cdot R_1 + 13 \cdot R_2 + Q = 1$$

$$s^0: \quad 13 \cdot R_1 = 0,25$$

Die Koeffizienten haben dann folgende Werte:

$$R_1 = \frac{1}{52}; \qquad R_2 = \frac{3}{32}; \qquad P = -\frac{47}{416}; \qquad Q = -\frac{243}{416}$$

Damit ist:

$$X(s) = \frac{1}{52} \cdot \frac{1}{s} + \frac{3}{32} \cdot \frac{1}{s+1} - \frac{1}{416} \cdot \frac{47 \cdot s + 243}{(s+3)^2 + 2^2}$$

Der letzte Summand wird folgendermaßen umgeformt:

$$- \frac{1}{416} \cdot \frac{47 \cdot s + 243}{(s+3)^2 + 2^2} = - \frac{47}{416} \cdot \frac{s+3}{(s+3)^2 + 2^2} - \frac{51}{416} \cdot \frac{2}{(s+3)^2 + 2^2}$$

Die so erhaltenen Ausdrücke lassen sich nun unmittelbar in den Zeitbereich rücktransformieren. Die Originalfunktion lautet:

$$x(t) = \frac{1}{52} + \frac{3}{32} \cdot e^{-t} - \frac{47}{416} \cdot e^{-3t} \cdot \cos 2t - \frac{51}{416} \cdot e^{-3t} \cdot \sin 2t$$

Der stationäre Wert der Regelgröße läßt sich dadurch bestimmen, daß man in der Funktion für $x(t)$ t gegen Unendlich streben läßt. Man erhält dann:

$$x_{t \to \infty} = \frac{1}{52}$$

Dieses Ergebnis kann man auch mit Hilfe des Grenzwertsatzes einfach erhalten:

$$x_{t \to \infty} = \lim_{s \to 0} s \cdot X(s)$$

$$x_{t \to \infty} = \lim_{s \to 0} \frac{s \cdot (s + 0,25)}{s \cdot (s^3 + 7 \cdot s^2 + 19 \cdot s + 13)} = \frac{1}{52}$$

5.7 Ein Regelkreis besteht aus einer Strecke, einem Fühler, einem Meßumformer, einem Regler und einem Stellmotor. Die Strecke ist ein Verzögerungsglied 2. Ordnung mit $\omega_n = \sqrt{10}$ min^{-1}, $\zeta = \frac{\sqrt{10}}{4}$ und einer reinen Verstärkung von $0,1$. Der Fühler besitzt eine Verzögerung 1. Ordnung mit $\omega_1 = 3$ min^{-1} und eine reine Verstärkung von $\frac{1}{3}$. Der Meßumformer hat eine reine Verstärkung von 16. Es wird ein PD-Regler verwendet mit $\omega_I = 2,5$ min^{-1} und einer reinen Verstärkung von $2,5$. Beim Stellmotor handelt es sich um ein Integrierglied mit $\omega_o = 1$ min^{-1}.

Auf diesen Regelkreis wirkt eine Veränderung des Sollwerts ein:

a) Deltafunktion $w(t) = \delta(t)$

b) Sprungfunktion $w(t) = 1$

c) Rampenfunktion $w(t) = t$

Geben Sie den zeitlichen Verlauf für die Regelgröße x(t) an unter der Voraussetzung, daß das System bis zur Zeit t = 0 in Ruhe war, d.h. daß alle Anfangsbedingungen Null sind.

Lösung:

Es werden zunächst die Frequenzgänge der Einzelglieder aufgestellt.

Strecke:
$$F_S(j\omega) = \frac{0,1}{1 + j \cdot 2 \cdot \frac{\sqrt{10}\,\omega}{4 \cdot \sqrt{10}} - (\frac{\omega}{\sqrt{10}})^2} = \frac{1}{10 + j5\omega - \omega^2}$$

Fühler:
$$F_F(j\omega) = \frac{1}{3 \cdot (1 + j\frac{\omega}{3})} = \frac{1}{3 + j\omega}$$

Meßumformer: $F_M(j\omega) = 16$

Regler:
$$F_R(j\omega) = 2,5 \cdot (1 + j\frac{\omega}{2,5}) = 2,5 + j\omega$$

Stellmotor: $F_{St}(j\omega) = \frac{1}{j\omega}$

Der Frequenzgang $F(j\omega)$ ist ein Spezialfall der Übertragungsfunktion $F(s) = F(\sigma + j\omega)$, wobei $\sigma = 0$ gesetzt wird.

Den Regelkreis mit den Übertragungsfunktionen zeigt Bild 5.13.

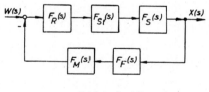

Bild 5.13

Die Übertragungsfunktion $F(s)$ des geschlossenen Regelkreises lautet:

$$F(s) = \frac{X(s)}{W(s)} = \frac{F_R F_{St} F_S}{1 + F_R F_{St} F_S F_F F_M}$$

$$F(s) = \frac{s^2 + 5,5 \cdot s + 7,5}{s^4 + 8 \cdot s^3 + 25 \cdot s^2 + 46 \cdot s + 40}$$

a) Auf das System wirkt zunächst die Deltafunktion $w(t) = \delta(t)$

ein.

Es gilt:

$$X(s) = F(s) \cdot W(s)$$

$$X(s) = \frac{s^2 + 5,5 \cdot s + 7,5}{s^4 + 8 \cdot s^3 + 25 \cdot s^2 + 46 \cdot s + 40} \cdot 1$$

Um diese Gleichung in den Zeitbereich rücktransformieren zu können, wird die Partialbruchzerlegung vorgenommen.

Als Nullstellen des Nenners werden ermittelt:

$$s_1 = -2; \quad s_2 = -4; \quad s_{3,4} = -1 \pm j2$$

Somit lautet die Partialbruchzerlegung für X(s):

$$X(s) = \frac{R_1}{s + 2} + \frac{R_2}{s + 4} + \frac{P \cdot s + Q}{(s + 1)^2 + 2^2}$$

Durch Koeffizientenvergleich erhält man die folgenden Bestimmungsgleichungen:

$$s^3: \quad R_1 + R_2 + P = 0$$

$$s^2: \quad 6 \cdot R_1 + 4 \cdot R_2 + 6 \cdot P + Q = 1$$

$$s^1: \quad 13 \cdot R_1 + 9 \cdot R_2 + 8 \cdot P + 6 \cdot Q = 5,5$$

$$s^0: \quad 20 \cdot R_1 + 10 \cdot R_2 + 8 \cdot Q = 7,5$$

Somit ist:

$$R_1 = \frac{1}{20}; \quad R_2 = -\frac{3}{52}; \quad P = \frac{1}{130}; \quad Q = \frac{23}{26}$$

$$X(s) = \frac{1}{20} \cdot \frac{1}{s+2} - \frac{3}{52} \cdot \frac{1}{s+4} + \frac{1}{130} \cdot \frac{s}{(s+1)^2 + 2^2} + \frac{23}{26} \cdot \frac{1}{(s+1)^2 + 2^2}$$

Man formt nun die einzelnen Ausdrücke so um, daß sie direkt rücktransformiert werden können:

$$X(s) = \frac{1}{20} \cdot \frac{1}{s+2} - \frac{3}{52} \cdot \frac{1}{s+4} + \frac{1}{130} \cdot \frac{s + 1}{(s+1)^2 + 2^2} + \frac{57}{130} \cdot \frac{2}{(s+1)^2 + 2^2}$$

Der zeitliche Verlauf der Regelgröße ist dann:

$$x(t) = \frac{1}{20} \cdot e^{-2t} - \frac{3}{52} \cdot e^{-4t} + \frac{1}{130} \cdot e^{-t} \cdot \cos 2t + \frac{57}{130} \cdot e^{-t} \cdot \sin 2t$$

Es handelt sich hier um die Gewichtsfunktion, die ja die Antwort eines Systems auf die Erregung mit der Deltafunktion darstellt.

b) Auf das System wirkt nun eine Sprungfunktion $w(t) = 1$ ein.

$$X(s) = F(s) \cdot W(s) = \frac{s^2 + 5,5 \cdot s + 7,5}{s^4 + 8 \cdot s^3 + 25 \cdot s^2 + 46 \cdot s + 40} \cdot \frac{1}{s}$$

Die Nullstellen des Nenners von $X(s)$ sind:

$$s_1 = 0; \quad s_2 = -2; \quad s_3 = -4; \quad s_{4,5} = -1 \pm j2$$

Die Partialbruchzerlegung für $X(s)$ lautet dann:

$$X(s) = \frac{R_1}{s} + \frac{R_2}{s + 2} + \frac{R_3}{s + 4} + \frac{P \cdot s + Q}{(s + 1)^2 + 2^2}$$

Aus dem Koeffizientenvergleich erhält man:

$$s^4: \quad R_1 + R_2 + R_3 + P = 0$$

$$s^3: \quad 8 \cdot R_1 + 6 \cdot R_2 + 4 \cdot R_3 + 6 \cdot P + Q = 0$$

$$s^2: \quad 25 \cdot R_1 + 13 \cdot R_2 + 9 \cdot R_3 + 8 \cdot P + 6 \cdot Q = 1$$

$$s^1: \quad 46 \cdot R_1 + 20 \cdot R_2 + 10 \cdot R_3 + 8 \cdot Q = 5,5$$

$$s^0: \quad 40 \cdot R_1 = 7,5$$

Somit ist:

$$R_1 = \frac{3}{16}; \quad R_2 = -\frac{1}{40}; \quad R_3 = \frac{3}{208}; \quad P = -\frac{23}{130}; \quad Q = -\frac{9}{26}$$

$$X(s) = \frac{3}{16} \cdot \frac{1}{s} - \frac{1}{40} \cdot \frac{1}{s+2} + \frac{3}{208} \cdot \frac{1}{s+4} - \frac{23}{130} \cdot \frac{s}{(s+1)^2 + 2^2} -$$

$$- \frac{9}{26} \cdot \frac{1}{(s+1)^2 + 2^2}$$

Man formt wieder so um, daß man direkt rücktransformieren kann:

$$X(s) = \frac{3}{16} \cdot \frac{1}{s} - \frac{1}{40} \cdot \frac{1}{s+2} + \frac{3}{208} \cdot \frac{1}{s+4} - \frac{23}{130} \cdot \frac{s+1}{(s+1)^2 + 2^2} -$$

$$- \frac{11}{130} \cdot \frac{2}{(s+1)^2 + 2^2}$$

Nach der Rücktransformation erhält man die Sprungantwort:

$$x(t) = \frac{3}{16} - \frac{1}{40} \cdot e^{-2t} + \frac{3}{208} \cdot e^{-4t} - \frac{23}{130} \cdot e^{-t} \cdot \cos 2t -$$

$$- \frac{11}{130} \cdot e^{-t} \cdot \sin 2t$$

Die Sprungantwort bezogen auf die Sprungerregung ist gleich der Übergangsfunktion.

c) Auf das System wirkt als Erregung eine Rampenfunktion $w(t) = t$ ein.

$$X(s) = F(s) \cdot W(s) = \frac{s^2 + 5{,}5 \cdot s + 7{,}5}{s^4 + 8 \cdot s^3 + 25 \cdot s^2 + 46 \cdot s + 40} \cdot \frac{1}{s^2}$$

Die Partialbruchzerlegung lautet hier:

$$X(s) = \frac{R_{12}}{s^2} + \frac{R_{11}}{s} + \frac{R_2}{s+2} + \frac{R_3}{s+4} + \frac{P \cdot s + Q}{(s+1)^2 + 2^2}$$

Aus dem Koeffizientenvergleich erhält man:

s^5: $R_{11} + R_2 + R_3 + P = 0$

s^4: $R_{12} + 8 \cdot R_{11} + 6 \cdot R_2 + 4 \cdot R_3 + 6 \cdot P + Q = 0$

s^3: $8 \cdot R_{12} + 25 \cdot R_{11} + 13 \cdot R_2 + 9 \cdot R_3 + 8 \cdot P + 6 \cdot Q = 0$

s^2: $25 \cdot R_{12} + 46 \cdot R_{11} + 20 \cdot R_2 + 10 \cdot R_3 + 8 \cdot Q = 1$

s^1: $46 \cdot R_{12} + 40 \cdot R_{11} = 5{,}5$

s^0: $40 \cdot R_{12} = 7{,}5$

Somit ist:

$$R_{12} = \frac{3}{16}; \qquad R_{11} = -\frac{5}{64}; \qquad R_2 = \frac{1}{80}; \qquad R_3 = -\frac{3}{832};$$

$$P = \frac{9}{130}; \qquad Q = -\frac{1}{26}$$

Damit ergibt sich:

$$X(s) = \frac{3}{16} \cdot \frac{1}{s^2} - \frac{5}{64} \cdot \frac{1}{s} + \frac{1}{80} \cdot \frac{1}{s+2} - \frac{3}{832} \cdot \frac{1}{s+4} + \frac{9}{130} \cdot \frac{s}{(s+1)^2 + 2^2} -$$

$$- \frac{1}{26} \cdot \frac{1}{(s+1)^2 + 2^2}$$

Die beiden letzten Summanden werden umgeformt:

$$\frac{9}{130} \cdot \frac{s}{(s+1)^2 + 2^2} - \frac{1}{26} \cdot \frac{1}{(s+1)^2 + 2^2} = \frac{9}{130} \cdot \frac{s+1}{(s+1)^2 + 2^2} -$$

$$- \frac{7}{130} \cdot \frac{2}{(s+1)^2 + 2^2}$$

Durch Rücktransformation erhält man dann als Antwort auf die Erregung mit einer Rampenfunktion:

$$x(t) = \frac{3}{16} \cdot t - \frac{5}{64} + \frac{1}{80} \cdot e^{-2t} - \frac{3}{832} \cdot e^{-4t} + \frac{9}{130} \cdot e^{-t} \cdot \cos 2t -$$

$$- \frac{7}{130} \cdot e^{-t} \cdot \sin 2t$$

Für lineare Differentialgleichungen mit konstanten Koeffizienten gilt das Prinzip der Rückbeziehung auf die Erregung: Wenn die Antwort $a(t)$ auf die Erregung $e(t)$ bekannt ist, dann ist

bei einer Erregung $\frac{de}{dt}$ die Antwort gleich $\frac{da}{dt}$,

bei einer Erregung $\frac{d^2 e}{dt^2}$ die Antwort gleich $\frac{d^2 a}{dt^2}$,

bei einer Erregung $\int e \, dt$ die Antwort gleich $\int a \, dt$ usw.

Betrachtet man als Erregung die Rampenfunktion $e_1(t)$, dann gilt

für die Sprungerregung: $e_2(t) = \frac{de_1}{dt}$,

für die Deltaerregung: $e_3(t) = \frac{d^2 e_1}{dt^2} = \frac{de_2}{dt}$.

Auf obiges Beispiel darf das Prinzip der Rückbeziehung auf die Erregung angewendet werden. Ist die Antwort $x_1(t)$ auf die Erregung mit der Rampenfunktion $e_1(t)$ bekannt, so erhält man die Antwort $x_2(t)$ auf die Erregung mit der Sprungfunktion $e_2(t)$ durch Differenzieren von $x_1(t)$, und die Antwort $x_3(t)$ auf die Erregung mit der Deltafunktion $e_3(t)$ durch zweimaliges Differenzieren von $x_1(t)$. Die Nachprüfung sei dem Leser überlassen.

6. Darstellung des Frequenzgangs

In der Regelungstechnik sind zwei Darstellungen des Frequenzgangs üblich, und zwar die Darstellung im Nyquist-Diagramm und die im Bode-Diagramm.

Im Nyquist-Diagramm wird der Frequenzgang in der komplexen Zahlenebene aufgetragen. Je nach Zweckmäßigkeit berechnet man Real- und Imaginärteil oder Betrag und Winkel des Frequenzgangs.

Beim Bode-Diagramm wird der Betrag $|F(j\omega)|$ und der Winkel $\varphi(\omega)$ in zwei getrennten Diagrammen, dem Amplitudengang und dem Phasengang, dargestellt. Beim Amplitudengang wird die Kreisfrequenz ω als Abszisse und die Amplitude von $|F(j\omega)|$ als Ordinate im logarithmischen Maßstab aufgetragen. Beim Phasengang wird die Kreisfrequenz ω als Abszisse im logarithmischen Maßstab, die Phase $\varphi(\omega)$ als Ordinate im linearen Maßstab gezeichnet.

6.1 Zeichnen Sie im Nyquist-Diagramm die Ortskurve für die Frequenzgänge, tragen Sie Frequenzmarkierungen ein und geben Sie an, ob das System stabil oder instabil ist.

a)
$$F(j\omega) = \frac{3}{j\omega \cdot (1 + 2j\omega)}; \quad \omega \text{ in min}^{-1}$$

Lösung:

Der Frequenzgang wird in Real- und Imaginärteil zerlegt.

$$F(j\omega) = \frac{3}{j\omega \cdot (1 + 2j\omega)} = -\frac{6}{1 + 4\omega^2} - j \frac{3}{\omega \cdot (1 + 4\omega^2)}$$

Es ist zweckmäßig, zuerst die Grenzwerte bei den Kreisfrequenzen $\omega \to 0$ und $\omega \to \infty$ zu bestimmen und dann Zwischenpunkte tabellarisch zu berechnen.

ω	0	0,3	0,5	0,7	1	∞
Re F	-6	-4,412	-3	-2,027	-1,2	0
Im F	$-\infty$	-7,353	-3	-1,448	-0,6	0

Das System ist, wie Bild 6.1 zeigt, stabil, da der kritische Punkt (-1; 0) links von der Kurve liegt, wenn die Kurve in Richtung steigender Werte von ω durchlaufen wird.

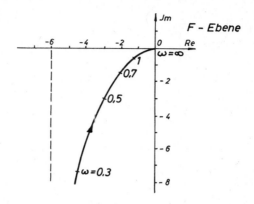

Bild 6.1

b)
$$F(j\omega) = \frac{5}{1 - 4\omega^2 + 5j\omega}; \quad \omega \text{ in min}^{-1}$$

Lösung:

$$F(j\omega) = \frac{5}{1 - 4\omega^2 + 5j\omega} = \frac{5 - 20\omega^2}{1 + 17\omega^2 + 16\omega^4} - j\frac{25\omega}{1 + 17\omega^2 + 16\omega^4}$$

ω	0	0,05	0,1	0,2	0,3	0,5	1,0	∞
Re F	5	4,748	4,097	2,462	1,203	0	-0,441	0
Im F	0	-1,199	-2,134	-2,932	-2,820	-2	-0,735	0

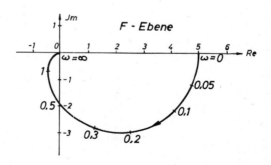

Bild 6.2

Aus Bild 6.2 ersieht man, daß das System stabil ist.

6.2 Wie sehen die Nyquist-Diagramme für die beiden folgenden Frequenzgänge dritter Ordnung aus? Geben Sie Frequenzmarkierungen an und untersuchen Sie, ob Stabilität vorliegt.

a) $$F(j\omega) = \frac{7}{-13 - 3\omega^2 + j(9\omega - \omega^3)}; \quad \omega \text{ in min}^{-1}$$

Lösung:

Man zerlegt den Frequenzgang in Real- und Imaginärteil.

$$F(j\omega) = -\frac{91 + 21\omega^2}{169 + 159\omega^2 - 9\omega^4 + \omega^6} - j\frac{63\omega - 7\omega^3}{169 + 159\omega^2 - 9\omega^4 + \omega^6}$$

Durch Einsetzen verschiedener Werte von ω ergeben sich folgende Punkte der Ortskurve.

ω	0	0,2	0,5	1	2	3	4	5	∞
Re F	-0,538	-0,524	-0,462	-0,350	-0,241	-0,175	-0,095	-0,044	0
Im F	0	-0,072	-0,147	-0,175	-0,097	0	0,043	0,040	0

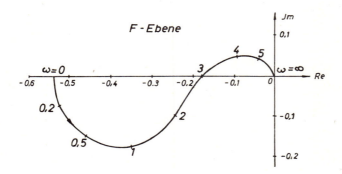

Bild 6.3

Das System ist instabil, weil der kritische Punkt $(-1; 0)$ rechts der Ortskurve liegt, wenn sie in Richtung steigender Werte von ω durchlaufen wird.

b) $\quad F(j\omega) = \dfrac{3 - j\omega^3}{13 - 5\omega^2 + j(17\omega - \omega^3)}$; ω in min^{-1}

Lösung:

Auch hier wird der Frequenzgang in Real- und Imaginärteil aufgespaltet.

$$F(j\omega) = \frac{39 - 15\omega^2 - 17\omega^4 + \omega^6}{169 + 159\omega^2 - 9\omega^4 + \omega^6} - j\,\frac{51\omega + 10\omega^3 - 5\omega^5}{169 + 159\omega^2 - 9\omega^4 + \omega^6}$$

ω	0	0,5	1	1,5	2	2,5	3
Re F	0,231	0,164	0,025	-0,141	-0,316	-0,450	-0,465
Im F	0	-0,128	-0,175	-0,147	-0,030	0,194	0,495

ω	3,5	4	5	7	10	20	∞
Re F	-0,329	-0,101	0,330	0,732	0,895	0,979	1,0
Im F	0,775	0,949	0,998	0,772	0,529	0,254	0

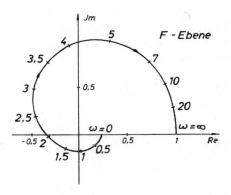

Bild 6.4

Das System ist also stabil.

6.3 Stellen Sie den folgenden Frequenzgang in der F-Ebene dar und geben Sie einige Frequenzmarkierungen an.

$$F(j\omega) = \frac{10 \cdot e^{-2j\omega}}{1 + 2j\omega}; \quad \omega \text{ in min}^{-1}$$

Lösung:

F(jω) wird in Betrag und Phase dargestellt:

$$F(j\omega) = F(\omega)\cdot e^{j\varphi}$$

$$F(\omega) = \frac{10}{\sqrt{1 + 4\omega^2}}$$

$$\varphi(\omega) = -2\cdot\frac{180}{\pi}\cdot\omega - \arctan 2\omega$$

ω	0	0,05	0,1	0,2	0,3	0,4
F	10	9,95	9,81	9,29	8,58	7,81
φ°	0	-11,4	-22,8	-44,7	-65,4	-84,5

ω	0,5	0,7	1,0	1,2	1,5	2,0
F	7,07	5,81	4,47	3,85	3,16	2,43
φ°	-102,3	-134,7	-178,0	-203,3	-243,5	-305,1

ω	2,5	3,0	3,5	4,0	5,0	∞
F	1,96	1,64	1,41	1,24	0,995	0
φ°	-365,1	-424,3	-483,0	-541,3	-657,3	

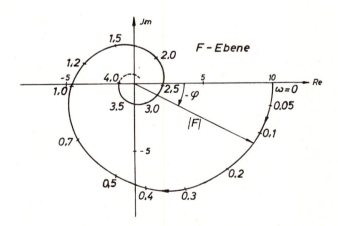

Bild 6.5

Bild 6.5 zeigt, daß das System instabil ist.

6.4 Der Frequenzgang eines aufgeschnittenen Regelkreises hat die folgende Form:

$$F(j\omega) = \frac{5}{1 - 8,25\omega^2 + 6,25\omega^4 + j(2,9\omega - 5\omega^3)}$$

Zeichnen Sie die Ortskurve im Nyquist-Diagramm. Ist der Regelkreis stabil?

Lösung:

Man bezeichnet:

$$a = 1 - 8,25\omega^2 + 6,25\omega^4; \qquad b = 2,9\omega - 5\omega^3$$

Dann ist:

$$F(j\omega) = \frac{5a}{a^2 + b^2} - j \cdot \frac{5b}{a^2 + b^2}$$

ω	0	0,1	0,2	0,3	0,4	0,5	0,6
Re F	5,0	4,967	4,509	2,426	-1,094	-2,967	-3,256
Im F	0	-1,542	-3,581	-5,786	-5,744	-3,644	-1,853

ω	0,7	0,8	0,9	1,0	1,2	1,5	∞
Re F	-3,113	-2,852	-2,213	-0,924	0,336	0,198	0
Im F	-0,636	0,398	1,448	1,941	0,834	0,176	0

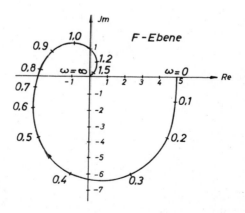

Bild 6.6

Wie sich aus Bild 6.6 ergibt, ist das System instabil.

6.5 Für den Frequenzgang $F(j\omega)$ soll die Ortskurve gezeichnet werden.

$$F(j\omega) = \frac{K}{j\frac{\omega}{\omega_o}\left(1 + j\frac{\omega}{\omega_1}\right)^2}$$

Es ist: $K = 5$; $\omega_o = 0{,}25 \ \text{min}^{-1}$; $\omega_1 = 2 \ \text{min}^{-1}$

a) Bei welcher Frequenz ω_S hat der Frequenzgang eine Phase $\varphi = -180°$?

b) Bestimmen Sie den Betrag des Frequenzganges an der Stelle $\omega = 2 \ \text{min}^{-1}$.

c) Bei welcher Frequenz ω_R ist der Betrag des Frequenzganges $\left|F(j\omega_R)\right| = 1$?

d) Zeichnen Sie die Ortskurve und tragen Sie die Frequenzmarkierungen ein für folgende Werte:

$$\omega = 0; \ 0{,}5; \ 0{,}7; \ 1; \ 1{,}5; \ 2; \ 3; \ \infty \quad \text{min}^{-1}$$

e) Bestimmen Sie den Verstärkungsrand und Phasenrand.

Lösung:

a) $\text{Im}\left\{F(j\omega)\right\} = 0$

$$\text{Im}\left\{\frac{K}{j\frac{\omega}{\omega_o}\left(1 + j\frac{\omega}{\omega_1}\right)^2}\right\} = 0$$

$$1 - \left(\frac{\omega}{\omega_1}\right)^2 = 0$$

$$\omega = \omega_S = \omega_1 = (\pm) \, 2 \ \text{min}^{-1}$$

b) $$\left|F(j\omega_S)\right| = \left|\frac{K}{j\frac{\omega_S}{\omega_o}\left(1 + j\frac{\omega_S}{\omega_1}\right)^2}\right| = 0{,}3125$$

c) $\left|F(j\omega_R)\right| = 1$

$$\left|\frac{K}{j\frac{\omega}{\omega_o}\left(1 + j\frac{\omega}{\omega_1}\right)^2}\right| = 1$$

$$\left| j\omega \left(1 + j\frac{\omega}{2}\right)^2 \right| = \frac{5}{4}$$

$$\omega^6 + 8\omega^4 + 16\omega^2 - 25 = 0$$

Man setzt: $z = \omega^2$ und erhält:

$$z^3 + 8z^2 + 16z - 25 = 0$$

Es ergeben sich folgende Lösungen:

$$z_1 = 1; \qquad z_{2,3} = -4,5 \pm 2,18j$$

Somit wird:

$$\omega = \omega_R = (\pm)\sqrt{z_1} = (\pm)1 \; min^{-1}$$

d) Wertetabelle

ω	0	0,5	0,7	1	1,5	2	3	∞
Re F	-1,25	-1,107	-0,992	-0,80	-0,512	-0,313	-0,118	0
Im F	$-\infty$	-2,076	-1,243	-0,60	-0,150	0	0,049	0

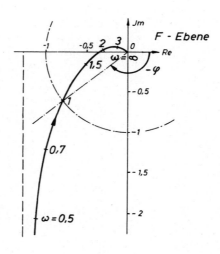

Bild 6.7

e) Der Verstärkungsrand ist gleich dem reziproken Wert des Amplitudenverhältnisses bei einer Phasennacheilung von 180 $^\circ$:

$$V_{rand} = \frac{1}{\left|\frac{A}{E}\right|} \qquad \text{bei } \varphi = -180\,^{\circ}$$

Der Phasenrand ist die Differenz zwischen $180\,^{\circ}$ Nacheilung und dem Wert φ an der Stelle, an der das Amplitudenverhältnis gleich 1 ist;

$$\varphi_{rand} = 180\,^{\circ} - |\varphi| \qquad \text{bei } \left|\frac{A}{E}\right| = 1$$

Hier ist dann:

$$V_{rand} = \frac{1}{0,3125} = 3,2$$

$$\varphi_{rand} = 180 - 143,1 = 36,9\,^{\circ}$$

6.6 Zeichnen Sie im Bode-Diagramm Amplitudengang und Phasengang der Einzelglieder und der Reihenschaltung:

$$F(j\omega) = \frac{0,6}{j\omega(1 + 0,5j\omega)}; \quad \omega \text{ in min}^{-1}$$

Lösung:

Zunächst zerlegt man den gegebenen Frequenzgang in ein Produkt von Einzelfrequenzgängen von höchstens zweiter Ordnung:

$$F(j\omega) = F_1(j\omega) \cdot F_2(j\omega) \cdot \ldots \cdot F_n(j\omega)$$

Dann kann man $F(j\omega)$ als eine Reihenschaltung von Gliedern mit einfachen Frequenzgängen betrachten. Tabelle 6.1 zeigt eine Zusammenstellung einfacher Frequenzgänge.

Den Amplitudengang $|F(j\omega)|$ erhält man, indem man die Logarithmen der Beträge der einzelnen einfachen Frequenzgänge graphisch addiert:

$$\log |F(j\omega)| = \log |F_1(j\omega)| + \log |F_2(j\omega)| + \ldots + \log |F_n(j\omega)|$$

Den Phasengang $\varphi(\omega)$ erhält man, indem man die Phasengänge der einzelnen Glieder addiert:

$$\varphi(\omega) = \varphi_1(\omega) + \varphi_2(\omega) + \ldots + \varphi_n(\omega)$$

Aus Tabelle 6.1 auf Seite 120 ersieht man, daß beim P-, I- und D-Glied sowohl Amplituden- als auch Phasengang durch Gerade gekennzeichnet sind. Die Kurven eines PT_1-Gliedes haben bezüglich

Tabelle 6.1   Bode-Diagramme einfacher Glieder

Glied	Frequenzgang	Amplitudengang	Phasengang
P	$F(j\omega) = K_P$		
I	$F(j\omega) = \dfrac{1}{j\frac{\omega}{\omega_e}}$		
D	$F(j\omega) = j\frac{\omega}{\omega_D}$		
PT_1	$F(j\omega) = \dfrac{1}{1 + j\frac{\omega}{\omega_1}}$		
PD_1	$F(j\omega) = 1 + j\frac{\omega}{\omega_1}$		

Glied	Frequenzgang	Amplitudengang	Phasengang
PI	$F(j\omega) = 1 + \dfrac{\omega_0}{j\omega}$		
DT_1	$F(j\omega) = \dfrac{j\frac{\omega}{\omega_D}}{1 + j\frac{\omega}{\omega_D}}$		
T_t	$F(j\omega) = e^{-j\omega T_t}$		
PT_2	$F(j\omega) = \dfrac{1}{1 - (\frac{\omega}{\omega_n})^2 + 2j\zeta\frac{\omega}{\omega_n}}$		
PD_2	$F(j\omega) = 1 - (\frac{\omega}{\omega_n})^2 + 2j\zeta\frac{\omega}{\omega_n}$		

der Eckfrequenz ω_1 immer dasselbe Aussehen. Mit Hilfe der Frequenzganggleichung läßt sich Amplituden- und Phasengang eines
PT_1-Gliedes leicht berechnen.

$\frac{\omega}{\omega_1}$	0,1	0,2	0,4	0,7	1,0	2,0	4,0	7,0	10
$\lvert F(j\omega)\rvert$	0,995	0,981	0,929	0,819	0,707	0,447	0,243	0,141	0,099
φ°	-5,7	-11,3	-21,8	-35,0	-45,0	-63,4	-76,0	-81,9	-84,3

Besitzt man für den Amplitudengang und den Phasengang je eine
Schablone, so erleichtert man sich das Zeichnen im Bode-Diagramm. Durch Drehen, bzw. Umklappen der Schablonen können auch
die Amplituden- und Phasengänge für das PD_1-, PI- und DT_1-Glied
gezeichnet werden, wie man aus Tabelle 6.1 sieht. Bild 6.8
zeigt die Kurvenschablonen.

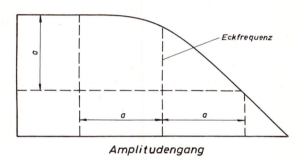

Amplitudengang

a   Dekadenlänge

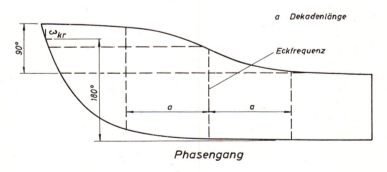

Phasengang

Bild 6.8

Die mit Eckfrequenz bezeichnete Linie der Schablonen in Bild 6.8
wird an die jeweilige Eckfrequenz gelegt. Beim Amplitudengang

läuft der waagrechte Teil der Kurve asymptotisch an $|F(j\omega)| = 1$ heran. Beim Phasengang geht die Kurve bei der Eckfrequenz durch den Punkt $\varphi = \pm 45$ $^{\circ}$. In der Schablone für den Phasengang ist auch der Verlauf der Phase eines Totzeitgliedes enthalten, und zwar mit folgenden Werten:

$\dfrac{\omega}{\omega_{kr}}$	0,01	0,02	0,04	0,07	0,1	0,2	0,4	0,7	1
φ°	-1,8	-3,6	-7,2	-12,6	-18	-36	-72	-126	-180

Die Schablone ist so anzulegen, daß für kleine ω die Kurve gegen Null strebt und für ω_{kr} den Wert $\varphi = -180$ $^{\circ}$ annimmt.

Amplituden- und Phasengang für ein PT_2-Glied mit dem Dämpfungsgrad ζ als Parameter sind in Bild 6.15 dargestellt. Spiegelt man die Kurven für den Amplitudengang an der Geraden $|F(j\omega)| = 1$ und die Kurven für den Phasengang an der Geraden $\varphi(\omega) = 0$, so erhält man Amplituden- und Phasengang für das PD_2-Glied mit ζ als Parameter.

Der Frequenzgang

$$F(j\omega) = \frac{0,6}{j\omega(1 + 0,5j\omega)}$$

setzt sich also zusammen aus der Reihenschaltung eines Integriergliedes $F_1(j\omega)$ und eines Verzögerungsglieds 1. Ordnung $F_2(j\omega)$.

$$F_1(j\omega) = \frac{1}{j\,\dfrac{\omega}{0,6}}; \qquad \omega_1 = 0,6 \text{ min}^{-1}$$

$$F_2(j\omega) = \frac{1}{1 + 0,5j\omega}; \qquad \omega_2 = 2 \quad \text{min}^{-1}$$

Mit Hilfe der Kurvenschablonen werden die Einzelfrequenzgänge gezeichnet und mit dem Stechzirkel werden die Summenkurven gebildet (Bild 6.9).

6.7 Zeichnen Sie im Bode-Diagramm Amplituden- und Phasengang der Einzelglieder und der Reihenschaltung.

a) $\qquad F(j\omega) = (1 + j\omega) \cdot e^{-j\omega 1,1}; \quad \omega \text{ in min}^{-1}$

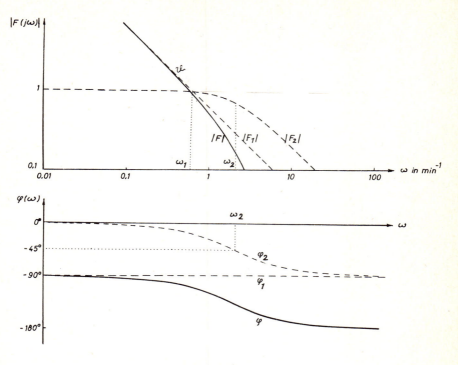

Bild 6.9

Lösung:

Reihenschaltung von:

PD-Glied $F_I(j\omega) = 1 + j\omega$ Eckfrequenz $\omega_I = 1$ min^{-1}

T_t-Glied $F_T(j\omega) = e^{-j\omega 1,1}$ krit.Frequenz $\omega_{kr} = 2,86$ min^{-1}

Die Einzel- und Summenkurven sind im Bild 6.10 auf Seite 124
dargestellt.

b) $F(j\omega) = \dfrac{3 \cdot \left(1 + j\,\dfrac{\omega}{1,6}\right) \cdot \left(1 + j\,\dfrac{\omega}{10}\right)}{\left(1 + j\,\dfrac{\omega}{40}\right) \cdot \left[1 + j\,\dfrac{\omega}{4} - \left(\dfrac{\omega}{4}\right)^2\right]}$; ω in min^{-1}

Lösung:

Reihenschaltung von:

P-Glied $K = 3$

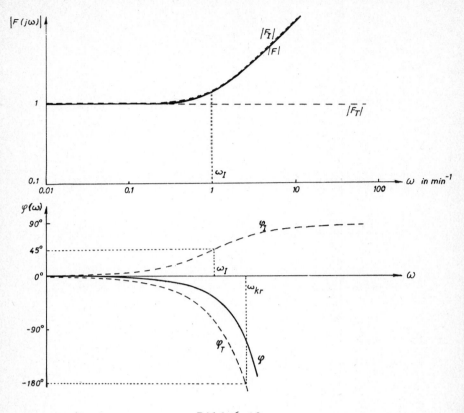

Bild 6.10

PD-Glieder $\quad F_I(j\omega) = 1 + j\dfrac{\omega}{1,6}; \qquad \omega_I = 1,6 \text{ min}^{-1}$

$\qquad\qquad\qquad F_{II}(j\omega) = 1 + j\dfrac{\omega}{10}; \qquad \omega_{II} = 10 \text{ min}^{-1}$

PT_1-Glied $\quad F_1(j\omega) = \dfrac{1}{1 + j\dfrac{\omega}{40}}; \qquad \omega_1 = 40 \text{ min}^{-1}$

PT_2-Glied $\quad F_n(j\omega) = \dfrac{1}{1 + j\dfrac{\omega}{4} - \left(\dfrac{\omega}{4}\right)^2}; \qquad \omega_n = 4 \text{ min}^{-1}; \ \varsigma = 0,5$

Der Amplituden- und Phasengang der Einzelglieder und der
Reihenschaltung sind in Bild 6.11 gezeichnet.

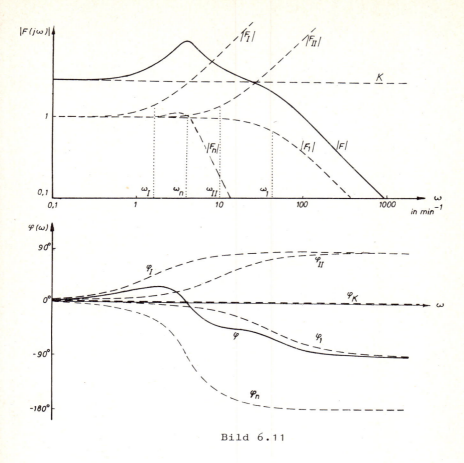

Bild 6.11

6.8 Bestimmen Sie im Bode-Diagramm Verstärkungsrand und Phasenrand für den Frequenzgang:

$$F(j\omega) = 20 \cdot \frac{1 + 10j\omega}{\frac{j\omega}{0,05} \cdot (1 + 2j\omega) \cdot (1 + 0,25j\omega) \cdot (1 + 0,1j\omega)}; \quad \omega \text{ in min}^{-1}$$

Lösung:

Reihenschaltung von:

P-Glied $K = 20$

PD-Glied $F_I(j\omega) = 1 + 10j\omega; \quad \omega_I = 0,1 \text{ min}^{-1}$

I-Glied $\quad F_{II}(j\omega) = \dfrac{0,05}{j\omega};\qquad \omega_{II} = 0,05\ \min^{-1}$

PT_1-Glieder $F_1(j\omega) = \dfrac{1}{1 + 2j\omega};\qquad \omega_1 = 0,5\ \min^{-1}$

$\qquad\qquad F_2(j\omega) = \dfrac{1}{1 + 0,25j\omega};\ \omega_2 = 4\quad \min^{-1}$

$\qquad\qquad F_3(j\omega) = \dfrac{1}{1 + 0,1j\omega};\ \omega_3 = 10\quad \min^{-1}$

Es werden nun im Bode-Diagramm die Einzelkurven gezeichnet und die Summenkurven bestimmt (Bild 6.12).

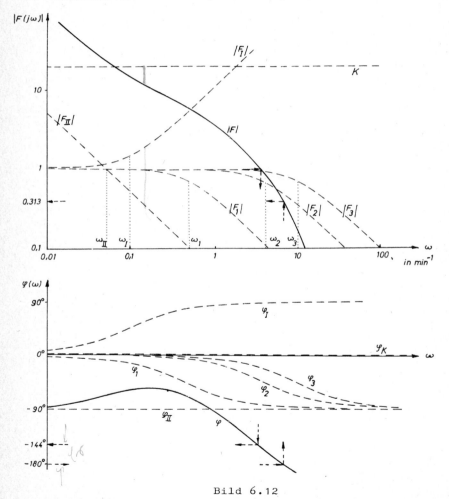

Bild 6.12

Aus Bild 6.12 lassen sich Verstärkungsrand und Phasenrand ablesen:

$$V_{rand} = \frac{1}{\left|\frac{A}{E}\right|} \qquad \text{bei } \varphi = -180^{o}$$

$$V_{rand} = \frac{1}{0,313} = 3,2$$

$$\varphi_{rand} = 180^{o} - |\varphi| \quad \text{bei } \left|\frac{A}{E}\right| = 1$$

$$\varphi_{rand} = 180 - 144 = 36^{o}$$

6.9 Gegeben ist folgender Amplitudengang:

$\omega \, min^{-1}$	0,1	0,4	0,6	0,8	1,0	1,4	2,0	2,5	3,0	4,0	6,0
$|F(j\omega)|$	1,00	1,04	1,09	1,17	1,29	1,72	2,50	1,33	0,72	0,32	0,12

Unter der Annahme, daß dieser Amplitudengang kein Totzeitglied enthält, bestimme man

a) Eigenfrequenz

b) Resonanzfaktor

c) Dämpfungsgrad

d) Phasengang.

Lösung:

Der gegebene Amplitudengang wird im Bode-Diagramm gezeichnet (Bild 6.13).

a) Durch Vergleich mit Bild 6.15 erkennt man, daß es sich um ein Verzögerungsglied zweiter Ordnung handelt mit $\omega_n = 2 \, min^{-1}$ (bestimmt aus dem Schnittpunkt der Asymptoten für $\omega \to 0$ und $\omega \to \infty$).

b) Der Wert des Amplitudengangs bei der Resonanzfrequenz ω_n ist der Resonanzfaktor $|F(j\omega_n)|$:

$$|F(j\omega_n)| = 2,5$$

c) Den Dämpfungsgrad erhält man aus dem Resonanzfaktor:

$$\varsigma = \frac{1}{2 \cdot |F(j\omega_n)|} = 0,2$$

d) Der zugehörige Phasengang ist im Bild 6.13 eingezeichnet.

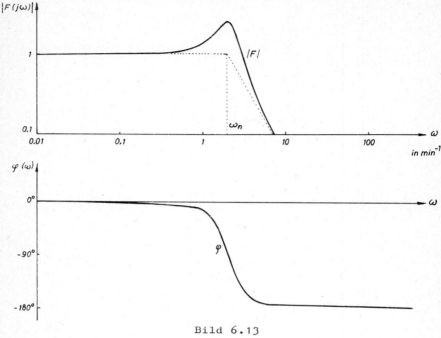

Bild 6.13

6.10 Gegeben ist die Reihenschaltung von 4 Regelkreisgliedern nach Bild 6.14; ω in min^{-1}.

Bild 6.14

a) Zeichnen Sie im Bode-Diagramm den Amplitudengang $|F_a|$ und den Phasengang φ_a der Reihenschaltung.

b) Zeichnen Sie den Amplitudengang $|F_b|$ und den Phasengang φ_b, wenn ein fünftes Glied mit der Totzeit $T_t = 0,0628$ min in Reihe geschaltet ist. Wie groß sind Verstärkungsrand V_{rand} und Phasenrand φ_{rand}?

c) Zur Verbesserung des Amplitudenganges soll noch ein PD-Glied 1. Ordnung in Serie geschaltet werden. Wie groß ist die Eck-

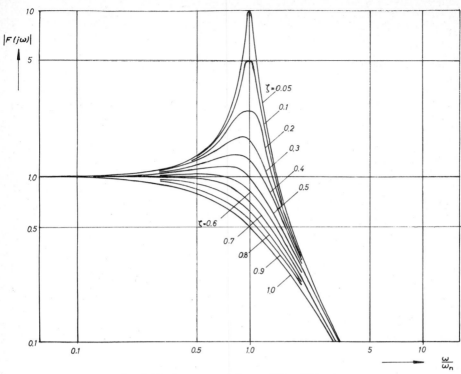

Amplitudengang eines PT_2-Gliedes

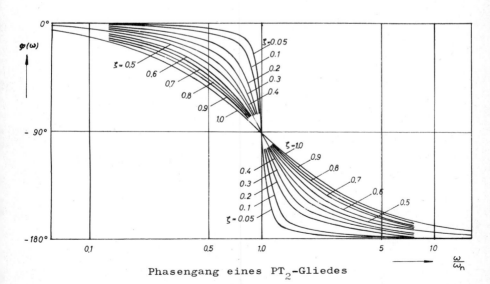

Phasengang eines PT_2-Gliedes

Bild 6.15

frequenz ω_I und wie lautet die Gleichung dieses PD-Gliedes, wenn der Gesamtamplitudengang $|F_c|$ bei $\omega = 20$ min^{-1} den Wert 0,2 annehmen soll?

Lösung:

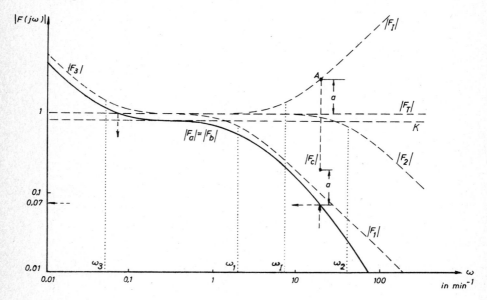

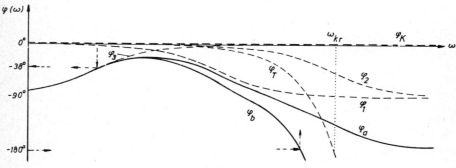

Bild 6.16

a) Reihenschaltung von:

P-Glied $\qquad$ K = 0,8

PI-Glied $\qquad F_3(j\omega) = 1 + \dfrac{0,05}{j\omega}$; $\qquad \omega_3 = 0,05$ min^{-1}

PT$_1$-Glieder $F_1(j\omega) = \dfrac{1}{1 + 0,5 j\omega}$; $\qquad \omega_1 = 2 \qquad$ min^{-1}

$$F_2(j\omega) = \frac{1}{1 + 0,025\,j\omega}; \qquad \omega_2 = 40 \text{ min}^{-1}$$

Im Bild 6.16 sind die Einzelkurven und die Summenkurven $|F_a|$ und φ_a dargestellt.

b) T_t-Glied $\qquad F_T(j\omega) = e^{-0,0628\,j\omega}; \qquad \omega_{kr} = \frac{\pi}{T_t} = 50 \text{ min}^{-1}$

Im Bild 6.16 sind $|F_b|$ und φ_b bereits eingezeichnet. Man entnimmt:

$$V_{rand} = \frac{1}{0,07} = 14,3$$

$$\varphi_{rand} = 180 - 38 = 142^{\circ}$$

c) Der Amplitudengang $|F_b|$ wird durch das PD-Glied um die Strecke a so angehoben, daß der Gesamtamplitudengang $|F_c|$ bei $\omega = 20$ min^{-1} den Wert 0,2 annimmt. Die Kurve des PD-Glieds muß also durch den Punkt A gehen. Als Eckfrequenz erhält man:

$$\omega_I = 7 \text{ min}^{-1}$$

Die Gleichung des PD-Glieds lautet dann:

$$F_I(j\omega) = 1 + 0,143\,j\omega$$

6.11 Gegeben ist eine Regelstrecke mit dem Frequenzgang:

$$F_S(j\omega) = \frac{2,5 \cdot e^{-0,157\,j\omega}}{1 + 0,306\,j\omega + (0,118\,j\omega)^2}; \qquad \omega \text{ in min}^{-1}$$

a) Zeichnen Sie im Bode-Diagramm den Amplitudengang $|F_S|$ und den Phasengang φ_S. Wie groß sind Verstärkungsrand und Phasenrand?

b) Die Regelstrecke wird mit einem PI-Regler geregelt. Wird durch die Reihenschaltung von Regler und Strecke der Verstärkungs- und Phasenrand verbessert, wenn beim Regler eine Verstärkung $K_{P1} = 1$ und eine Nachstellzeit $T_n = 10$ min eingestellt werden?

c) Wie groß ist die Verstärkung K_{P2} des Reglers zu wählen, damit bei einer Nachstellzeit von $T_n = 10$ min der Phasenrand der Reihenschaltung von Regler und Strecke nun 50° beträgt?

Lösung:

a) Reihenschaltung von:

P-Glied $\qquad$ K = 2,5

T_t-Glied $\qquad F_T(j\omega) = e^{-0,157j\omega}; \qquad \omega_{kr} = 20 \text{ min}^{-1}$

PT_2-Glied $\qquad F_n(j\omega) = \dfrac{1}{1 + C,306j\omega + (0,118j\omega)^2};$

$$\omega_n = \frac{1}{0,118} = 8,48 \text{ min}^{-1};$$

$$\tau = \frac{0,306}{2 \cdot 0,118} = 1,297$$

Ein PT_2-Glied kann für $\tau > 1$ durch zwei PT_1-Glieder mit den Eckfrequenzen ω_1 und ω_2 ersetzt werden, so daß sich bei der Zeichnung wieder die Schablonen verwenden lassen. Als Eckfrequenzen erhält man:

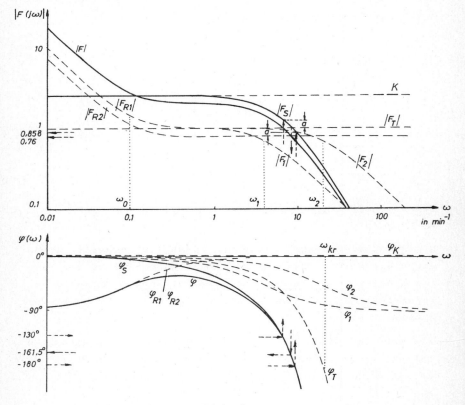

Bild 6.17

$$\omega_{1,2} = \frac{\omega_n}{\zeta \pm \sqrt{\zeta^2 - 1}}$$

$$\omega_1 = 4 \text{ min}^{-1}; \quad \omega_2 = 18 \text{ min}^{-1}$$

Die Kurven sind im Bild 6.17 dargestellt. Man entnimmt daraus:

$$V_{rand} = \frac{1}{0,858} = 1,17$$

$$\varphi_{rand} = 180 - 161,5 = 18,5 \text{ }^{\circ}$$

b) Der Regler hat die Frequenzganggleichung:

$$F_{R1}(j\omega) = K_{P1} \cdot \left(1 + \frac{1}{j\frac{\omega}{\omega_0}}\right) = 1 + \frac{0,1}{j\omega}$$

wobei $\omega_0 = \frac{1}{T_n} = 0,1 \text{ min}^{-1}$.

Damit ist keine Verbesserung von Verstärkungsrand und Phasenrand zu erreichen, wie man aus Bild 6.17 sieht.

c) Es wird der Phasengang φ von der Reihenschaltung des Reglers und der Strecke gezeichnet. Bei $\omega = 6 \text{ min}^{-1}$ hat die Kurve den Wert $\varphi = -130 \text{ }^{\circ}$, also den geforderten $\varphi_{rand} = 50 \text{ }^{\circ}$. Die Verstärkung K_{P2} des Reglers ist nun so zu wählen, daß der Amplitudengang $|F|$ der Reihenschaltung von Regler und Strecke bei $\omega = 6 \text{ min}^{-1}$ den Wert $|F| = 1$ erhält. Aus Bild 6.17 ergibt sich dann:

$$K_{P2} = 0,76$$

6.12 Den Verlauf der Asymptoten eines Amplitudengangs zeigt Bild 6.18.

a) Geben Sie den zugehörigen Frequenzgang an unter der Annahme, daß es sich um ein Phasenminimumsystem handelt.

b) Zeichnen Sie Amplitudengang $|F|$ und Phasengang φ_a.

c) Wie groß darf die Gesamtverstärkung höchstens sein, damit der Kreis gerade noch stabil ist, wenn in dem System noch ein Totzeitglied $(T_t = 0,01 \text{ min})$ enthalten ist, das im gegebenen Asymptotenverlauf des Amplitudengangs nicht in Erscheinung tritt?

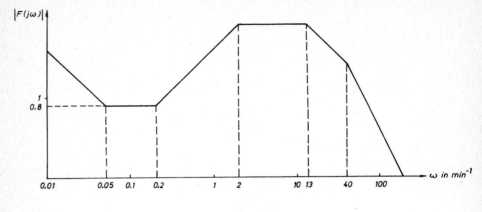

Bild 6.18

Lösung:

a) Da es sich um ein Phasenminimumsystem handelt, ist kein Totzeitglied enthalten. Aus dem Verlauf der Asymptoten schließt
   man auf folgende Einzelglieder:

P-Glied $\qquad$ K = 0,8

PI-Glied $\qquad$ $F_I(j\omega) = 1 + \dfrac{0,05}{j\omega}$; $\qquad$ $\omega_I = 0,05 \ \text{min}^{-1}$

PD-Glied $\qquad$ $F_{II}(j\omega) = 1 + 5j\omega$; $\qquad$ $\omega_{II} = 0,2 \ \text{min}^{-1}$

PT_1-Glieder $\quad$ $F_1(j\omega) = \dfrac{1}{1 + 0,5j\omega}$; $\quad$ $\omega_1 = 2 \qquad \text{min}^{-1}$

$\qquad\qquad\quad$ $F_2(j\omega) = \dfrac{1}{1 + 0,077j\omega}$; $\quad$ $\omega_2 = 13 \qquad \text{min}^{-1}$

$\qquad\qquad\quad$ $F_3(j\omega) = \dfrac{1}{1 + 0,025j\omega}$; $\quad$ $\omega_3 = 40 \qquad \text{min}^{-1}$

Der Frequenzgang $F(j\omega)$ ergibt sich aus der Reihenschaltung
obiger Einzelglieder:

$$F(j\omega) = \frac{0,8 \cdot (1 + \frac{0,05}{j\omega}) \cdot (1 + 5j\omega)}{(1 + 0,5j\omega) \cdot (1 + 0,077j\omega) \cdot (1 + 0,025j\omega)}$$

b) Bild 6.19 zeigt die Darstellung des Frequenzganges.

c) T_t-Glied $\qquad$ $F_T(j\omega) = e^{-0,01j\omega}$; $\qquad$ $\omega_{kr} = 314 \ \text{min}^{-1}$

   Bei der bereits vorhandenen Verstärkung von K = 0,8 beträgt
   der Verstärkungsrand nach Bild 6.19:

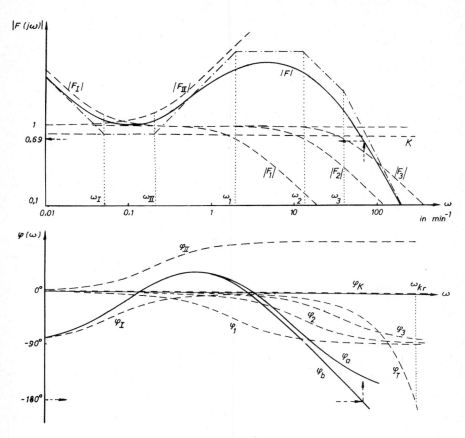

Bild 6.19

$$V_{rand} = \frac{1}{0,69} = 1,45$$

Diese Verstärkung von $V_{rand} = 1,45$ kann also zu der bereits vorhandenen von $K = 0,8$ hinzugeschaltet werden, damit das System gerade noch stabil ist. Die höchste Gesamtverstärkung ergibt sich folglich zu:

$$K_{max} = V_{rand} \cdot K = 1,45 \cdot 0,8 = 1,16$$

6.13 Gegeben ist der Regelkreis nach Bild 6.20 mit folgenden
Werten:

$$K_1 = 3;\ K_2 = 0,25;\ K_3 = 2;\ K_4 = 1$$
$$K_I = 1\ s^{-1};\ T = 2,5\ s;\ T_t = 1,047\ s.$$

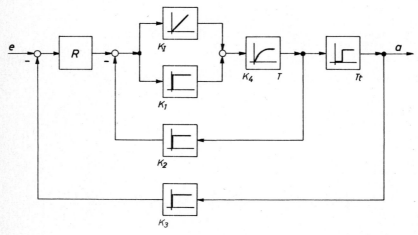

Bild 6.20

Mit Hilfe des Bode-Diagramms ist die Stabilität des Regelkreises zu untersuchen.

a) Als Regler R wird ein Proportionalregler mit der Verstärkung $K_{P1} = 1$ gewählt. Ist der Regelkreis stabil?

b) Als Regler stehen zur Auswahl ein PI-Regler und ein PD-
Regler. Welchen Regler wählen Sie, wenn bei einer Frequenz von $\omega = 2,0\ s^{-1}$ der Phasenrand des Regelkreises 30 °
betragen soll? Wie lautet die Zahlenwertgleichung des ge-
wählten Reglers?

Lösung:

a) Nach Tabelle 3.3 wird der im Zeitbereich gegebene Regelkreis zuerst in den Frequenzbereich transformiert (Bild
6.21).

Im Bode-Diagramm wird die Stabilität des aufgeschnittenen
einfachen Regelkreises untersucht. Der obige Regelkreis
besitzt aber eine Parallelschaltung und eine Rückkopplung,

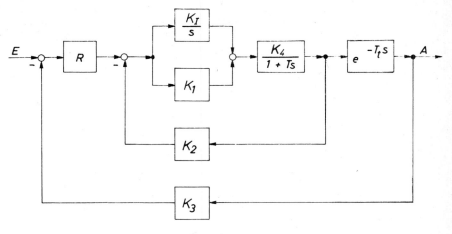

Bild 6.21

die zuerst aufgelöst werden müssen, um einen einfachen Regelkreis zu erhalten. Dieser wird dann in der Rückkopplung
vor dem Vergleicher aufgeschnitten, und das Produkt der Frequenzgänge der Einzelelemente im Bode-Diagramm dargestellt.

Die Übertragungsfunktion der Parallelschaltung und der inne-
ren Rückkopplung ergibt sich zu:

$$F_i(s) = \frac{K_4 \cdot \dfrac{K_1 + \dfrac{K_I}{s}}{1 + T \cdot s}}{1 + K_2 K_4 \cdot \dfrac{K_1 + \dfrac{K_I}{s}}{1 + T \cdot s}} = \frac{K_I K_4 + K_1 K_4 \cdot s}{K_I K_2 K_4 + (1 + K_1 K_2 K_4) \cdot s + T \cdot s^2}$$

Dann lautet die Übertragungsfunktion des aufgeschnittenen
Kreises:

$$F_o(s) = R \cdot \frac{K_I K_4 + K_1 K_4 \cdot s}{K_I K_2 K_4 + (1 + K_1 K_2 K_4) \cdot s + T \cdot s^2} \cdot e^{-T_t s} \cdot K_3$$

Für einen Proportionalregler mit $K_{P1} = 1$ erhält man dann
folgende Übertragungsfunktion:

$$F_o(s) = 1 \cdot \frac{1 + 3 \cdot s}{0,25 + 1,75 \cdot s + 2,5 \cdot s^2} \cdot e^{-1,047 \cdot s} \cdot 2$$

$$F_o(s) = 8 \cdot \frac{1 + 3 \cdot s}{1 + 7 \cdot s + 10 \cdot s^2} \cdot e^{-1,047 \cdot s}$$

Da der Dämpfungsgrad ζ des Verzögerungsgliedes 2. Ordnung größer als 1 ist (ζ = 1,107), läßt es sich in zwei Glieder 1. Ordnung aufspalten:

$$\frac{1}{1 + 7 \cdot s + 10 \cdot s^2} = \frac{1}{(1 + 2 \cdot s) \cdot (1 + 5 \cdot s)}$$

Somit ergibt sich für den Frequenzgang eine Reihenschaltung folgender Einzelglieder:

P-Glied $\qquad$ K = 8

PD-Glied $\qquad$ $F_I(j\omega) = 1 + 3j\omega;$ $\qquad$ $\omega_I = 0,333 \; s^{-1}$

PT_1-Glieder $F_1(j\omega) = \dfrac{1}{1 + 2j\omega};$ $\qquad$ $\omega_1 = 0,5 \quad s^{-1}$

$\qquad\qquad$ $F_2(j\omega) = \dfrac{1}{1 + 5j\omega};$ $\qquad$ $\omega_2 = 0,2 \quad s^{-1}$

T_t-Glied $\qquad$ $F_T(j\omega) = e^{-1,047j\omega};$ $\qquad$ $\omega_{kr} = 3 \quad s^{-1}$

Amplituden- und Phasengang sind im Bild 6.22 dargestellt. Das System ist instabil:

$$V_{rand} = \frac{1}{1,37} = 0,73$$

$$\varphi_{rand} = 180 - 223 = -43 \; ^\circ$$

b) Bei der Frequenz ω = 2,0 s^{-1} hat der Phasengang einen Wert von φ = -200 $^\circ$. Um einen Phasenrand von φ_{rand} = 30 $^\circ$ zu erhalten, muß die Phase an dieser Stelle um 50 $^\circ$ angehoben, also ein PD-Regler gewählt werden. Nach Bild 6.22 ergibt sich die Eckfrequenz des PD-Reglers zu:

$$\omega_{II} = 1,7 \; s^{-1}$$

Die Verstärkung des PD-Reglers erhält man dadurch, daß bei der Frequenz ω = 2,0 s^{-1} der Gesamtamplitudengang durch den Punkt 1 gehen muß:

$$K_{P2} = 0,55$$

Somit lautet die Zahlenwertgleichung des PD-Reglers:

$$F_R(s) = 0,55 \cdot \left(1 + \frac{s}{1,7}\right)$$

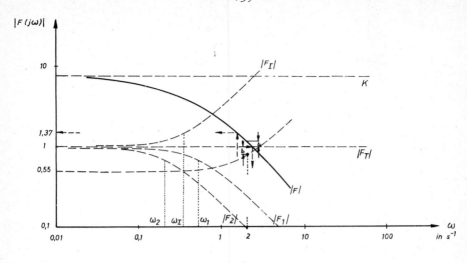

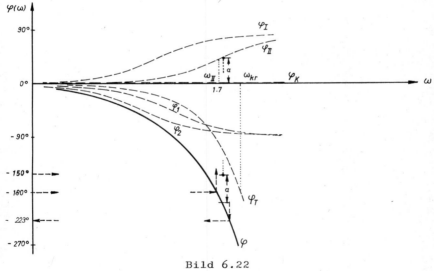

Bild 6.22

7. Entwerfen von Rechenschaltungen für den Analogrechner

7.1 Geben Sie für die folgende Differentialgleichung die Rechenschaltung für den Analogrechner an.

$$3 \cdot \frac{d^2 x_a}{dt^2} + 0,75 \cdot \frac{dx_a}{dt} + 6,45 \cdot x_a = 2,1 \cdot x_e$$

Lösung:

Für die Darstellung der Rechenelemente auf dem Analogrechner werden Symbole verwendet; eine Übersicht über die gebräuchlichsten Symbole zeigt Tabelle 7.1. Aus der Gleichung, die dem jeweiligen Symbol beigegeben ist, kann die Arbeitsweise des entsprechenden Rechenelements entnommen werden.

Unter den linearen Rechenelementen sind das Potentiometer, der Verstärker (auch als Inverter und Summator) und der Integrator zu nennen. Zu den nichtlinearen Rechenelementen zählen der Multiplikator und der allgemeine Funktionsgenerator, der eine beliebige Funktion durch einen gebrochenen Linienzug approximiert. Daneben gibt es noch eine Reihe anderer nichtlinearer Rechenelemente, wie z.B. Elemente zur Quadratbildung oder zum Logarithmieren.

Im folgenden wird eine kurze Übersicht über das Verhalten linearer Rechenelemente gegeben; nähere Einzelheiten möge der Leser dem entsprechenden Schrifttum entnehmen [5],[6] .

Potentiometer:

Es dient zur Multiplikation einer Eingangsgröße mit einem konstanten Faktor α, der kleiner als 1 ist. Soll mit einem Faktor größer 1 multipliziert werden, so dividiert man ihn durch 10 bzw. 100, um einen Wert kleiner als 1 zu erhalten. Im nachfolgenden Verstärker oder Integrator verstärkt man dann entsprechend auf das Zehn- bzw. Hundertfache.

Verstärker:

Ein unbeschalteter Verstärker weist eine Verstärkung in der Größenordnung von 10^6 bis 10^8 auf. Durch Beschaltung mit einer Eingangsimpedanz Z_e und einer Rückführimpedanz Z_r wird daraus ein Rechenelement, dessen Ausgangsgröße x_a der Gleichung genügt:

Tabelle 7.1   Rechensymbole

Element	Symbol	Gleichung
Potentiometer	x_e —○$^{\alpha}$ x_a	$x_a = \alpha \cdot x_e$
Verstärker $K \rightarrow \infty$	x_e ▷ x_a	
Verstärker	x_e c ▷ x_a	$x_a = -c \cdot x_e$
Summator	x_{e1} c_1 / x_{e2} c_2 / x_{en} c_n ▷ x_a	$x_a = -\sum\limits_{i=1}^{n} c_i \cdot x_{ei}$
Integrator	x_e c ▷ x_a / ○ x	$x_a = -\left(\int c \cdot x_e \, dt + x_{ao}\right)$
Summierender Integrator	x_{e1} c_1 / x_{e2} c_2 / x_{en} c_n ▷ x_a / ○ x_{ao}	$x_a = -\left(\int \sum\limits_{i=1}^{n} c_i \cdot x_{ei} \, dt + x_{ao}\right)$
Multiplikator	x_{e1} / x_{e2} X x_a	$x_a = x_{e1} \cdot x_{e2}$
Funktionsgenerator	x_e $f(x_e)$ x_a	$x_a = f(x_e)$
Nichtlinearität (Zweipunktverhalten)	x_e ⊏⊐ x_a	

$$x_a = - \frac{Z_r}{Z_e} \cdot x_e$$

Es wird darauf hingewiesen, daß jeder Verstärker das Vorzeichen umdreht.

Sind die Impedanzen Ohmsche Widerstände, so erhält man einen Verstärker mit der Verstärkung: $c = R_r/R_e$. Für $R_r = R_e$ wird $c = 1$, und man erhält einen Inverter, d.h. die Ausgangsgröße ist gleich der negativen Eingangsgröße.

Der Verstärker hat mehrere Eingänge und kann deshalb auch zur Summation verwendet werden. Das Ausgangssignal x_a ergibt sich bei n verschiedenen Eingangssignalen x_{e1}, x_{e2}, ... x_{en}, mit den Eingangswiderständen R_{e1}, R_{e2}, ... R_{en} und dem Rückführwiderstand R_r zu:

$$x_a = - \left(\frac{R_r}{R_{e1}} \cdot x_{e1} + \frac{R_r}{R_{e2}} \cdot x_{e2} + \dots + \frac{R_r}{R_{en}} \cdot x_{en} \right)$$

Integrator:

Der Integrator bildet die Ausgangsgröße als zeitliches Integral der Eingangsgröße, wobei ebenfalls eine Vorzeichenumkehr stattfindet. Die Eingangsgröße kann dabei mit einem konstanten Faktor multipliziert werden. Die Anfangsbedingung x_{ao} wird auf den Integrator aufgeschaltet. Die Arbeitsgleichung lautet dann:

$$x_a = - \left(\int c \cdot x_e \, dt + x_{ao} \right)$$

Auch der Integrator hat mehrere Eingänge und kann als summierender Integrator verwendet werden. Er arbeitet dann nach der Gleichung:

$$x_a = - \left(\int \sum_{i=1}^{n} c_i \cdot x_{ei} \, dt + x_{ao} \right)$$

Zur Lösung der oben gestellten Aufgabe isoliert man die höchste Ableitung auf der linken Seite und macht ihren Koeffizienten zu eins. Man erhält:

$$\frac{d^2 x_a}{dt^2} = 0,7 \cdot x_e - 0,25 \cdot \frac{dx_a}{dt} - 2,15 \cdot x_a \qquad (1)$$

Aus dieser Gleichung findet man die Rechenschaltung. Dabei geht
man von der Überlegung aus, daß man durch Integration die nächst
niedere Ableitung aus der höchsten Ableitung gewinnen kann.
Nimmt man an, daß d^2x_a/dt^2 gegeben ist, so kann man unter Berücksichtigung der Vorzeichenumkehr im Integrator folgendes Teil-
schaltbild nach Bild 7.1 zeichnen.

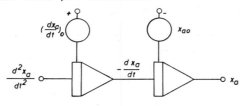

Bild 7.1

Nach Gleichung (1) setzt sich d^2x_a/dt^2 aus drei Summanden zusammen. Die nach Bild 7.1 gewonnenen Signale $- dx_a/dt$ und x_a werden
mit den zugehörigen Koeffizienten multipliziert und zusammen mit
dem Eingangssignal dem ersten Integrator zugeführt (Bild 7.2).
Damit ist die Rechenschaltung gefunden.

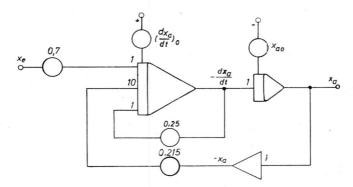

Bild 7.2

7.2 Geben Sie die Rechenschaltung für die folgende Differentialgleichung an. Zur Zeit t = 0 sind alle Anfangswerte gleich Null.

$$2\cdot\frac{d^3x_a}{dt^3} + 3,48\cdot\frac{d^2x_a}{dt^2} + 0,49\cdot\frac{dx_a}{dt} + 7,68\cdot x_a = 0,83\cdot x_e$$

Lösung:

Durch Isolierung der höchsten Ableitung und Normierung ihres
Koeffizienten auf den Wert eins erhält man:

$$\frac{d^3 x_a}{dt^3} = 0,415 \cdot x_e - 1,74 \cdot \frac{d^2 x_a}{dt^2} - 0,245 \cdot \frac{dx_a}{dt} - 3,84 \cdot x_a$$

Bild 7.3 zeigt die zugehörige Rechenschaltung.

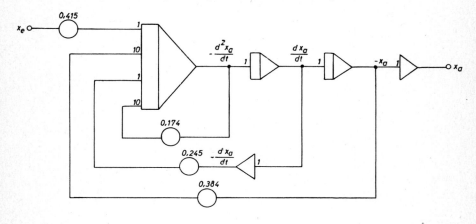

Bild 7.3

7.3 Gegeben ist das elektrische Netzwerk nach Bild 7.4. Man
gebe die Rechenschaltung für den Analogrechner an, wenn die
Kondensatoren bis zum Einschaltaugenblick ungeladen sind.

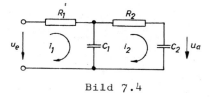

Bild 7.4

Lösung:

Man stellt für das Netzwerk die Differentialgleichungen auf und
erhält:

$$u_e = R_1 i_1 + \frac{1}{C_1} \int i_1 dt - \frac{1}{C_1} \int i_2 dt \tag{1}$$

$$0 = R_2 i_2 + \frac{1}{C_1} \int i_2 dt + \frac{1}{C_2} \int i_2 dt - \frac{1}{C_1} \int i_1 dt \tag{2}$$

$$u_a = \frac{1}{C_2} \int i_2 dt \tag{3}$$

Nun löst man die Gleichungen (1) und (2) nach der höchsten Ableitung (hier also nach i_1 und i_2) auf und erhält:

$$i_1 = \frac{u_e}{R_1} - \frac{1}{R_1 C_1} \int i_1 dt + \frac{1}{R_1 C_1} \int i_2 dt \tag{4}$$

$$i_2 = - \left(\frac{1}{R_2 C_1} + \frac{1}{R_2 C_2} \right) \int i_2 dt + \frac{1}{R_2 C_1} \int i_1 dt \tag{5}$$

Mit den Gleichungen (3), (4) und (5) erhält man die Rechenschaltung nach Bild 7.5.

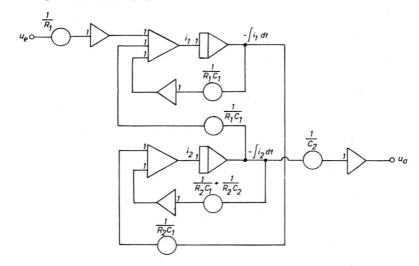

Bild 7.5

Man kann die Gleichungen (4) und (5) auch in folgender Form schreiben:

$$i_1 = \frac{1}{R_1} \cdot \left[u_e - \frac{1}{C_1} \int (i_1 - i_2) dt \right]$$

$$i_2 = \frac{1}{R_2} \cdot \left[\frac{1}{C_1} \int (i_1 - i_2) dt - \frac{1}{C_2} \int i_2 dt \right]$$

Damit hat die Rechenschaltung das Aussehen nach Bild 7.6.

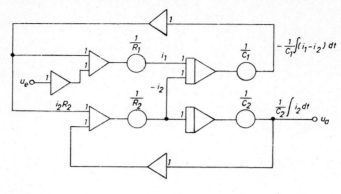

Bild 7.6

Gegenüber der Schaltung nach Bild 7.5 ergibt sich eine Einsparung von einem Verstärker und zwei Potentiometern. Außerdem ist von Vorteil, daß jetzt jedem Element des elektrischen Netzwerks genau ein Potentiometer zugeordnet ist.

7.4 Man gebe eine Rechenschaltung an, die an ihrem Ausgang eine ungedämpfte harmonische Schwingung mit der Frequenz ω liefert.

Lösung:

Für ein System, das harmonische Schwingungen mit der Frequenz ω ausführt, gilt die Differentialgleichung:

$$\frac{d^2 x_a}{dt^2} + \omega^2 \cdot x_a = 0$$

Die Isolierung der höchsten Ableitung auf der linken Seite führt hier zu der Gleichung:

$$\frac{d^2 x_a}{dt^2} = - \omega^2 \cdot x_a$$

Ein Lösungsansatz der angegebenen Gleichung lautet:

$$x_a = \cos \omega t$$

Dann ist:

$$\frac{dx_a}{dt} = - \omega \cdot \sin \omega t$$

und:

$$\frac{d^2 x_a}{dt^2} = -\omega^2 \cdot \cos \omega t.$$

Berücksichtigt man, daß hier

$$\int \frac{1}{\omega} \cdot \frac{d^2 x_a}{dt^2}\, dt = \frac{1}{\omega} \cdot \frac{dx_a}{dt} = -\sin \omega t$$

gilt, so erhält man eine einfache Rechenschaltung mit den Ausgängen sin ωt und cos ωt (Bild 7.7).

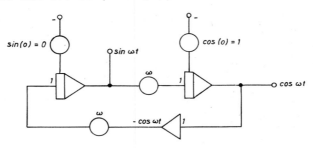

Bild 7.7

7.5 Für das mechanische System nach Bild 7.8 ist die Rechenschaltung für den Analogrechner zu entwerfen. Bis zur Zeit t = 0 war das System in Ruhe.

Bild 7.8

Lösung:

Stellt man die Gleichgewichtsbedingung für die Masse m auf, so erhält man folgende Differentialgleichung:

$$m \cdot \frac{d^2 x}{dt^2} + d \cdot \frac{dx}{dt} + c \cdot x = K$$

Die Isolierung und Normierung der höchsten Ableitung ergibt:

$$\frac{d^2 x}{dt^2} = \frac{1}{m} \cdot K - \frac{d}{m} \cdot \frac{dx}{dt} - \frac{c}{m} \cdot x$$

Dafür läßt sich die Rechenschaltung nach Bild 7.9 sofort angeben.

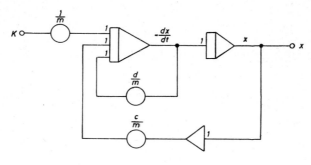

Bild 7.9

7.6 Ein System hat die Übertragungsfunktion:

$$F(s) = \frac{e_2 \cdot s^2 + e_1 \cdot s + e_0}{s^3 + a_2 \cdot s^2 + a_1 \cdot s + a_0}$$

Man gebe die Rechenschaltung für den Analogrechner an.

Lösung:

$$F(s) = \frac{X_a(s)}{X_e(s)} = \frac{e_2 \cdot s^2 + e_1 \cdot s + e_0}{s^3 + a_2 \cdot s^2 + a_1 \cdot s + a_0}$$

Durch Ausmultiplizieren erhält man:

$$s^3 \cdot X_a + a_2 s^2 \cdot X_a + a_1 s \cdot X_a + a_0 \cdot X_a = e_2 s^2 \cdot X_e + e_1 s \cdot X_e + e_0 \cdot X_e$$

Diese Gleichung stellt die Laplace-Transformierte der Differentialgleichung zwischen $x_a(t)$ und $x_e(t)$ dar, wenn alle Anfangsbedingungen Null sind.

Man isoliert die höchste Ableitung s^n der Antwort auf der linken Seite und dividiert die gesamte Gleichung durch s^{n-1}. So ergibt sich:

$$s \cdot X_a = e_2 \cdot X_e - a_2 \cdot X_a + \frac{1}{s^2} \cdot (e_0 \cdot X_e - a_0 \cdot X_a) + \frac{1}{s} \cdot (e_1 X_e - a_1 \cdot X_a)$$

Durch Rücktransformation in den Zeitbereich erhält man:

$$\frac{dx_a}{dt} = e_2 x_e - a_2 x_a + \iint (e_o x_e - a_o x_a)\ dt\ dt + \int (e_1 x_e - a_1 x_a)\ dt$$

Die Rechenschaltung zeigt Bild 7.10.

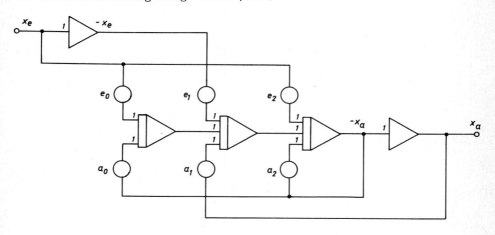

Bild 7.10

7.7 Die Rechenschaltung für ein Regelkreisglied mit der Übertragungsfunktion

$$F(s) = \frac{s + 3,2}{(s + 0,6)^2}$$

ist anzugeben.

Lösung:

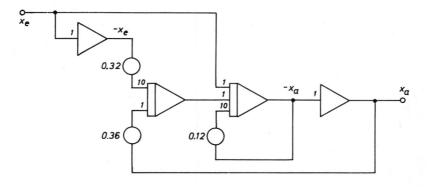

Bild 7.11

$$F(s) = \frac{X_a(s)}{X_e(s)} = \frac{s + 3,2}{s^2 + 1,2 \cdot s + 0,36}$$

$$s^2 \cdot X_a + 1,2 \cdot s \cdot X_a + 0,36 \cdot X_a = s \cdot X_e + 3,2 \cdot X_e$$

$$s \cdot X_a = X_e - 1,2 \cdot X_a + \frac{1}{s} \cdot (3,2 \cdot X_e - 0,36 \cdot X_a)$$

Durch Rücktransformation in den Zeitbereich erhält man:

$$\frac{dx_a}{dt} = x_e - 1,2 \cdot x_a + \int (3,2 \cdot x_e - 0,36 \cdot x_a) \, dt$$

Bild 7.11 zeigt die Rechenschaltung.

7.8 Welches Aussehen hat die Rechenschaltung

a) für ein PI-Glied mit der Differentialgleichung

$$x_a = \frac{Y_h}{X_P} \cdot (x_e + \frac{1}{T_n} \int x_e dt)$$

b) für ein Verzögerungsglied zweiter Ordnung mit der Übertragungsfunktion

$$F(s) = \frac{1}{1 + \frac{2\zeta}{\omega_n} \cdot s + \frac{1}{\omega_n^2} \cdot s^2}$$

Die Anfangsbedingungen sind Null.

Lösung:

a) Die Schaltung kann unmittelbar aufgezeichnet werden (Bild 7.12).

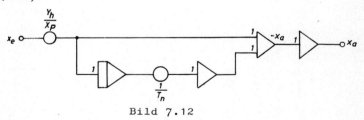

Bild 7.12

b)
$$F(s) = \frac{X_a(s)}{X_e(s)} = \frac{1}{1 + \frac{2\zeta}{\omega_n} \cdot s + \frac{1}{\omega_n^2} \cdot s^2}$$

Durch Ausmultiplizieren erhält man:

$$\frac{s^2}{\omega_n^2} \cdot X_a + \frac{2\zeta s}{\omega_n} \cdot X_a + X_a = X_e$$

$$s \cdot X_a = -2\zeta \, \omega_n \cdot X_a + \frac{1}{s} \cdot (\omega_n^2 \cdot X_e - \omega_n^2 \cdot X_a)$$

Die Rücktransformation in den Zeitbereich ergibt:

$$\frac{dx_a}{dt} = -2\zeta \, \omega_n \cdot x_a + \int (\omega_n^2 \cdot x_e - \omega_n^2 \cdot x_a) \, dt$$

Die Rechenschaltung ist in Bild 7.13 dargestellt.

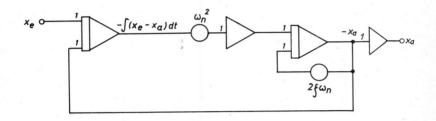

Bild 7.13

In ähnlicher Weise lassen sich auch für andere Glieder (z.B. I-, PT_1-Glied) die Rechenschaltungen erhalten. In Tabelle 7.2 sind zu den verschiedenen Blocksymbolen die Rechenschaltungen angegeben. Dadurch ist es einfach, für ein System, dessen Blockschaltbild gegeben ist, die zugehörige Rechenschaltung aufzuzeichnen.

7.9 Gegeben ist das Blockschaltbild eines Regelkreises. Entwerfen Sie die Rechenschaltung für den Analogrechner.

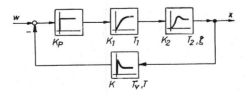

Bild 7.14

Tabelle 7.2   Rechenschaltungen zu Blockschaltbildern

Blocksymbol	Rechenschaltung	Übertragungsfunktion
K_P		$F(s) = K_P$
K_I		$F(s) = \dfrac{K_I}{s}$
$K \quad T$		$F(s) = \dfrac{K}{1 + Ts}$
$K \quad T, \zeta$		$F(s) = \dfrac{K}{1 + 2\zeta\,Ts + T^2 s^2}$
$K_P \quad T_n$		$F(s) = K_P\left(1 + \dfrac{1}{T_n s}\right)$
$K_P \quad T_v, T$		$F(s) = K_P \cdot \dfrac{1 + T_v s}{1 + Ts}$
$K_D \quad T$		$F(s) = \dfrac{K_D\, s}{1 + Ts}$

Tabelle 7.3   Rechenschaltungen für Nichtlinearitäten

Blocksymbol	Rechenschaltung

Lösung:

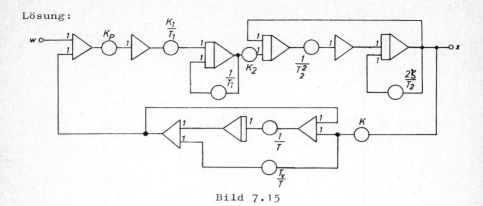

Bild 7.15

7.10 Ein Regelkreis besteht aus einem PI-Regler, einer Strecke (PT_1-Glied), einem Fühler (PT_1-Glied) und einem Meßumformer (P-Glied). Bei sehr kleinen Schwankungen der Regelabweichung um den Nullpunkt spricht der Regler nicht an. Geben Sie die Rechenschaltung dieses Regelkreises an.

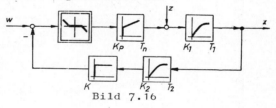

Bild 7.16

Lösung:

Durch schrittweises Umsetzen der Einzelblöcke in die Rechenschaltung nach Tabelle 7.2 und Tabelle 7.3 erhält man Bild 7.17 als Lösung.

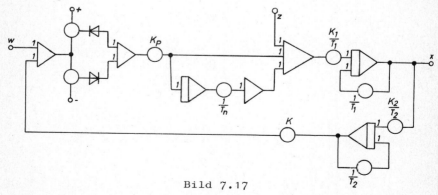

Bild 7.17

Literatur

[1] Bleisteiner, G., v. Mangoldt, W., Handbuch der Regelungstechnik, Springer-Verlag, Berlin 1961

[2] DiStefano III, J.J., Stubberud, A.R., Williams, I.J., Regelsysteme, Verlag McGraw-Hill Book Company, Düsseldorf 1976

[3] Doetsch, G., Anleitung zum praktischen Gebrauch der Laplace-Transformation und der Z-Transformation, Verlag R. Oldenbourg, München, 3. Auflage 1967

[4] Föllinger, O., Regelungstechnik, Elitera-Verlag, Berlin 1972

[5] Giloi, W., Lauber, R., Analogrechnen, Springer-Verlag, Berlin 1963

[6] Korn, G.A., Korn, T.M., Electronic Analog and Hybrid Computers, Verlag McGraw-Hill Book Company, New York, 2. Auflage 1972

[7] Leonhard, W., Einführung in die Regelungstechnik, Lineare Regelvorgänge, Verlag F. Vieweg und Sohn, Braunschweig, 2. Auflage 1972

[8] Merz, L., Grundkurs der Regelungstechnik, Verlag R. Oldenbourg, München, 6. Auflage 1976

[9] Merz, L., Regelung und Instrumentierung von Kernreaktoren, Verlag R. Oldenbourg, München 1961

[10] Oldenbourg, R.C., Sartorius, H., Dynamik selbsttätiger Regelungen, Verlag R. Oldenbourg, München, 2. Auflage 1951

[11] Oppelt, W., Kleines Handbuch technischer Regelvorgänge, Verlag Chemie, Weinheim/Bergstraße, 5. Auflage 1972

[12] Zurmühl, R., Praktische Mathematik für Ingenieure und Physiker, Springer-Verlag, Berlin/Göttingen/Heidelberg, 5. Auflage 1965

Regelungstechnik

Oldenbourg

Ludwig Merz
Grundkurs der Regelungstechnik
Einführung in die praktischen und theoretischen Methoden

6. überarbeitete und verbesserte Auflage 1976. 224 Seiten, 265 Abbildungen,
17 Tabellen, zahlreiche Aufgaben mit Lösungsangaben, DM 22,80

Aus dem Inhalt: Vom Wesen und Umfang der Regelungstechnik — Methoden
der Regelungstechnik — Beispiele ausgeführter Regelanlagen — Die Regelstrecke
— Der Regler — Aus der Theorie der Differentialgleichungen — Testfunktionen
— Untersuchung der Stabilität anhand der homogenen Differentialgleichung —
Ableitung der Übertragsfunktion aus der vollständigen Differentialgleichung —
Graphische Darstellung der Übertragungsfunktion — Übertragungsglieder des
Regelkreises — Grundbegriffe des Analogrechners — Anhang: Gegenüberstellung
Steuerkette - Regelkreis — Das Tendenzthermoelement — Einsatz von Prozeß-
rechnern — Bauteile pneumatischer Regelgeräte — Schaltzeichen — Aufgaben —
Literaturverzeichnis — Stichwortverzeichnis.

Erwin Samal
Grundriß der praktischen Regelungstechnik
Im Gegensatz zu den meist stark mathematisch orientierten Darstellungen der
Regelungstechnik in den bekannten Werken über dieses Fachgebiet stellt dieses
Werk die physikalisch-technischen Zusammenhänge und die praktische Regelungstechnik in den Vordergrund. Mathematische Hilfsmittel werden soweit
verwendet, wie sie für den praktischen Regelungstechniker notwendig sind.
Alle wesentlichen Fragen der praktischen Regelungstechnik werden behandelt,
und das Gebrachte an zahlreichen, der Praxis entnommenen Beispielen zahlen-
mäßig mit Hilfe von Überschlagsformeln durchgerechnet.

Band I: Grundlagen
10. neubearbeitete und erweiterte Auflage 1974. 463 Seiten, 262 Abbildungen,
flexibler Kunststoff DM 29,80, steifer Kunststoff DM 34,80

Band II: Untersuchung und Bemessung von Regelkreisen
1970. 396 Seiten, 169 Abbildungen, 10 Tabellen, flexibler Kunststoff DM 30,—,
steifer Kunststoff DM 33,—.

R.Oldenbourg Verlag München